BASSANG'NA ENOGA Ghislain

Avaliação da consideração dos pilares do desenvolvimento sustentável

BASSANG'NA ENOGA Ghislain

Avaliação da consideração dos pilares do desenvolvimento sustentável

no projecto de reabilitação da estrada nacional n.º 1 troço Maroua-Mora

Conteúdos

DEDICAÇÃO

Dedico este memorial aos meus pais, BASSANG'NA Samuel e ADIOBO Pauline

AGRADECIMENTOS

Adressës a todas as pessoas que, de perto ou de longe, me deram a sua ajuda para a realização deste trabalho, quer se tratasse de ëlë material, moral, йпапаёге, ou acadëmique. Por isso, agradeço-vos sinceramente:

-	ao Pr. YOUMBI Emmanuel, chefe do Departamento de Biologia e Vëgëtal Departamento de Fisiologia (DBPV) da Universidade de Yaoundë I (UYI), por todos os meios empenhados em assegurar que este curso de formação seja realizado nas melhores condições;

-	ao Prof. DJOCGOUE Pierre Francois, Maitre de confërences, pela sua orientação, a sua paciência e as suas orientações ao longo deste laborioso trabalho;

-	a todos os professores dos cursos profissionais da DBPV da UYI, pela qualidade dos conhecimentos que me deram, base indispensável deste trabalho;

-	ao Sr. NZANGA Mathurin, coordenador da unidade ADB/WB da MINTP, por me admitir a um estágio na sua estrutura;

-	ao Sr. ETENDE NKODO, supervisor de campo, e graças a quem este trabalho tomou forma e alma, encontram aqui a minha gratidão e o meu reconhecimento para sempre.

-	ao Dr. MBOG MBOG Sëvërin pela sua disponibilidade, experiência e orientação ;

-	à Sra. TCHOFFO Laure, por todos os seus conselhos e atenção;

-	à Sra. ABASSOMBE Nadege, a minha segunda mãe que me traz todo o afecto necessário para o meu bem-estar;

-	aos meus irmãos: BASSANG'NA BOADE Boris, BASSANG'NA BOUDIANG BASSANG'NA Bertille e ENOGA Alain, pelo seu apoio de todos os tipos, pelo amor, calor e conselhos que sempre me deram;

-	a todo o pessoal da missão de controlo do projecto Maroua-Mora;

-	aos meus anciãos académicos, SONWA, TCHATCHOUA Paul, BIDIAS Jacob, NDENGUE Germain, ZIEGAIN Apotres;

-	a todos os meus colegas de turma da décima quinta promoção, pelas suas contribuições e encorajamento;

-	um Sr. JEUDONG Narcisse, TOMBE TOMBE Daniel, AZANDI Brunel, MITAMAG Anne, FOSSO Armel,

-	a todos aqueles que, de perto ou de longe, sacrificaram um pouco do seu tempo por mim, a fim de dar consistência a este trabalho, que encontrem aqui, com tranquilidade, a expressão da minha profunda gratidão.

-	Finalmente, gostaria de expressar a minha gratidão aos membros do júri que irão avaliar este trabalho e cujos comentários e sugestões irão ajudar a melhorá-lo.

SÍNTESE

O objectivo do estudo тепёе na região do Extremo-Norte foi дёпёгаl para fazer uma avaliação ё dos aspectos ambientais e sociais com vista à realização dos objectivos de desenvolvimento sustentável no projecto de reabilitação da estrada nacional N°1, Trongon Maroua- Mora.

Este trabalho foi realizado entre Novembro de 2017 e Março de 2018. O mëthodology consistiu numa extensa revisão bibliográfica, levantamentos de campo e observações directas. Este método permitiu enquadrar os aspectos do Desenvolvimento Sustentável na área de estudo, avaliar a conformidade do Plano de Gestão Ambiental e Social (PGAE) com os Objectivos de Desenvolvimento Sustentável (ODS) e destacar medidas para melhorar a integração da abordagem do Desenvolvimento Sustentável no presente projecto.

A partir dos resultados obtidos, o enquadramento dos pilares do Desenvolvimento Sustentável na componente social mostrou que, na área de estudo, os FOSA (estabelecimentos de saúde) são na sua maioria representedësentёes pelo CSI (centros de santё intëgrёe) (89,39%) sob ёquipёs e sob estruturas, o ёtab1issements d'enseignement primaire (80,05%) sob ёquipёs, na área da Educação, enquanto 97% das populações obtêm o seu abastecimento de água a partir de poços (amёnagёs ou não) e furos. A componente económica revelou a presença de mercados muito pouco estruturados e localizados, na sua maioria, no limite imediato da estrada. As medidas para os impactos mais redundantes estão a ser progressivamente implementadas nos primeiros 10 km da estrada nacional em estudo. A análise ESMP mostrou que os indicadores identificados (4) pelo projecto e para os diferentes impactos seleccionados, estavam pouco conformes (2) com os definidos pelo Banco Mundial para projectos rodoviários. A comparação entre as necessidades da população, as medidas associadas e as disposições para a realização dos ODS na área das ilusões mostra uma insuficiência na consideração das medidas ambientais, sociais e económicas, particularmente no que diz respeito aos ODS 3 (boa saúde e bem-estar), 5 (igualdade de género), e 7 (utilização de energias renováveis).

Novas medidas e indicadores incorporando tanto os conceitos dos ODS como os requisitos dos doadores devem ser implementados em qualquer programa ou projecto futuro relacionado com o desenvolvimento sustentável.

Palavras-chave: ESMP, SDGs, Indicadores, Desenvolvimento Sustentável, Social, Projecto Rodoviário.

CAPÍTULO I

GERAL

1.1. Introdução geral
1.1.1. Contexto

Desde a Cimeira da Terra do Rio 1992, a comunidade internacional tomou consciência das ameaças ao ambiente e consagrou um novo conceito, o de desenvolvimento sustentável (Fomou, 2013). O conceito de desenvolvimento sustentável impôs-se assim a uma escala global como um novo modo de governação. O desenvolvimento sustentável tornou-se um elemento essencial de integração económica, social e ambiental. A adesão da maioria dos Estados ao conceito de desenvolvimento sustentável reforça a necessidade e legitimidade de agir rigorosamente em matéria ambiental. Além disso, o seu principal objectivo é, portanto, conciliar o desenvolvimento económico e a protecção da natureza (Bawou, 2015).

Além disso, na sua análise do desenvolvimento sustentável, os profissionais do desenvolvimento concentram-se em três elementos a que chamam os pilares. Estes são o crescimento económico, desenvolvimento social e sustentabilidade ambiental (Yelkouni *et al.*, 2018). As interdependências entre os pilares e os meios de implementação dos Objectivos e Metas de Desenvolvimento Sustentável (ODS) são também importantes. Em geral, as deficiências nos meios de implementação indicam até que ponto os ODS e os objectivos podem ser alcançados (Yelkouni *et al.*, 2018).

Assim, o Desenvolvimento Sustentável deve conciliar três dimensões principais: equidade social, qualidade ambiental e eficiência económica. Cada vez mais, o Desenvolvimento Sustentável exige um compromisso político para dar seguimento aos compromissos assumidos (criação de sistemas de medição de desempenho, por exemplo em reflorestação, regeneração de solos, redução da pobreza e educação) (Laborieux, 2008).

Na corrida frenética ao desenvolvimento que tem caracterizado os países em desenvolvimento nos últimos anos, as considerações ambientais e sociais têm sido frequentemente postas de lado (Youandeu, 2011). Esta situação levou a uma considerável degradação ambiental, ao ponto de se recear que, a este ritmo de degradação, as gerações futuras não possam usufruir de um ambiente como o conhecemos hoje (Youandeu, 2011). É neste contexto que a comunidade internacional está a tomar consciência da necessidade de integrar as considerações ambientais na implementação de projectos de desenvolvimento (Youandeu, 2011).

Assim, tendo tomado consciência desta nova situação, os Camarões estão mais empenhados no desenvolvimento sustentável através da criação de um ministério responsável pelas questões ambientais e da adopção da Lei n°96/012 de 5 de Agosto de 1996 sobre a lei-quadro ambiental. Estas medidas obrigam os proprietários de projectos de grande escala ou estruturantes a realizar um estudo de impacto ambiental e social nos locais onde os referidos projectos devem ser instalados, a fim de ter em conta considerações ambientais e sociais (Youandeu, 2011).

O governo camaronês, através desta medida, quer implementar aspectos de desenvolvimento sustentável na realização dos grandes projectos estruturantes actuais, com o objectivo de fazer dos Camarões um país emergente até 2035 (Anónimo, 2009). É neste quadro que a MINTP (Ministëre des Travaux Publics), através do projecto de reabilitação do troço rodoviário Maroua - Mora, visa melhorar claramente o estado da rede rodoviária estruturante, assegurar a mobilidade de pessoas e bens, favorecer o ambiente de vida nas zonas atravessadas, e tranquilizar as populações locais da zona do projecto (Anónimo, 2013). Daí o interesse do estudo sobre como conciliar a eficácia e eficiência das questões de Desenvolvimento Sustentável na implementação de projectos de infra-estruturas rodoviárias.

1.1.2. Problemático

Os Camarões enfrentam hoje muitos desafios, incluindo energia, saúde, educação, transportes, desflorestação e desertificação, e concorrência pelo comércio no mercado mundial. Assim, a consideração do desenvolvimento na sua dimensão sustentável é colocada em termos de desafio. Infelizmente, o país ainda é lento para se empenhar resolutamente nesta direcção.
Apesar da vontade manifestada pelo governo camaronês, a implementação de projectos estruturantes está ainda abaixo dos resultados esperados. Isto poderia ser justificado por atrasos significativos na condução dos projectos, por uma transferência de tecnologia por vezes inexistente, e por numerosas deficiências na mobilização de recursos financeiros, na coerência dos projectos, na integração do homem no centro das preocupações, bem como pela insuficiente atenuação dos impactos negativos nos equilíbrios ecológicos. Estes factores têm um forte impacto sobre as políticas operacionais dos doadores e dos ODS.

Consciente das suas limitações no desenvolvimento das infra-estruturas em дёпёгаl e das infra-estruturas rodoviárias em particular, o Governo do Rëpublique du Camerounais está empenhado na melhoria contínua das suas capacidades rodoviárias. Estas medidas consistedë a 1 adopção e implementação de vários programas e planos cujo objectivo ёt era servir de guia na programação de intervenções na rede rodoviária até 2020. (Anónimo, 2017)
Ao debruçarmo-nos sobre os impactos das obras no processo de execução, é evidente que as medidas de mitigação e melhoria destinadas a respeitar as políticas sócio-ambientais estão longe de ser respeitadas, razão pela qual a maioria destes impactos sobre o ambiente e o

desenvolvimento sustentável estão a aumentar.

Resta saber como os ODS podem ajudar os projectos de desenvolvimento em países como os Camarões. Os projectos estruturantes actuais não produzem mais impactos ambientais e sociais iregativos sem ter em conta os ODS? Por conseguinte, podemos ter uma abordagem que integre os pilares do Desenvolvimento Sustentável em todos os projectos estruturantes nos Camarões, tais como infra-estruturas rodoviárias, mais particularmente nas questões económicas (redução da pobreza, criação de emprego), sociais (melhoria do ambiente de vida, segurança de bens e pessoas) e ambientais (ambiente e espécies preservadas, redução da poluição)?

1.1.3. Objectivos do estudo
1.1.3.1. Objectivo geral

O objectivo geral deste trabalho é avaliar os aspectos ambientais e sociais da reabilitação do troço Maroua-Mora da Estrada Nacional nº 1, com vista a alcançar os objectivos do desenvolvimento sustentável.

1.1.3.2. Objectivos específicos

A fim de alcançar os objectivos, o presente trabalho propõe-se a :

- Elaborar um inventário da conformidade da área de estudo com os pilares do desenvolvimento sustentável;

- Avaliar a conformidade do Plano de Gestão Ambiental e Social com os ODS;

- Propor medidas correctivas para melhorar a integração da abordagem do Desenvolvimento Sustentável no presente projecto.

1.2. Revisão da literatura
1.2.1. Definição de alguns conceitos

Desenvolvimento sustentável: é um desenvolvimento que satisfaz as necessidades do presente sem comprometer a capacidade das gerações futuras de satisfazerem as suas próprias necessidades. Dois conceitos são inerentes a esta noção: o conceito de "necessidades" e mais particularmente as necessidades essenciais dos mais pobres, aos quais deve ser dada a maior prioridade, e 1Чдёе das limitações que o estado das nossas técnicas e da nossa organização social impõe à capacidade do ambiente para satisfazer as necessidades presentes e futuras (Mannaerts , 2010).

Objectivos de Desenvolvimento Sustentável (ODS): são ёs também chamados Objectivos Globais, são um apelo global à acção para ёeradicate pobreza, proteger o planeta e assegurar que todos os seres humanos vivam em paz e prosperidade (Jensen, 2017).

Avaliação Ambiental Estratégica (AAE): é uma avaliação que permite a integração de considerações ambientais no desenvolvimento e aprovação de planos e programas (Bawou,

2015).

Um projecto: é um conjunto de acções ou trabalhos que contribuem todos para a realização de um objectivo único e mensurável (Esteve, 2011).

Ambiente: refere-se a um sistema organizado, dinâmico e evolutivo de factores naturais (físicos, químicos, biológicos) e humanos (económicos, políticos, socioculturais) onde os organismos vivos operam e onde as actividades humanas têm lugar, e que têm um efeito ou influência directa ou indirecta, imediata ou a longo prazo sobre estes seres vivos ou sobre as actividades humanas num dado momento e numa área geográfica definida (Bawou, 2015).

Reabilitação: operação de restauro do património arquitectónico e cultural. No sentido mais lato, refere-se ao facto de redesenhar uma sala, um edifício, uma estrutura ou um lugar (bairro, terreno baldio, espaço verde, etc.) (Emma, 2013).

Infra-estruturas: todas as obras que constituem a fundação e o estabelecimento no solo de uma construção ou de um conjunto de instalações (por exemplo, estradas, caminhos-de-ferro, aeroportos) (Haman, 2012).

Estrada: pode ter vários significados dependendo do contexto (Ndetahakem, 2012). Em termos funcionais, a estrada é uma infra-estrutura construída para permitir a circulação de pessoas e bens de um ponto para outro utilizando vários meios de transporte; em termos estruturais, a estrada é uma sucessão de camadas (de baixo para cima) com desempenhos que lhe permitem suportar as tensões geradas pelo tráfego.

Auto-estrada: uma estrada com sëparëes, reservada ao tráfego motorizado rápido (automóveis, motas, veículos pesados de mercadorias). Não tem passagens de nível e é acessível através de pontos estabelecidos para o efeito (Anónimo, 2014).

Impacto ambiental: é uma reacção a uma mudança no ambiente resultante de uma actividade relacionada com um projecto (Sorokine, 2008).

Avaliação do impacto ambiental e social: pode ser definida como uma ferramenta prospectiva que se centra na identificação e avaliação dos efeitos de um projecto no ambiente em geral e nas suas componentes biofísicas e humanas em particular (Bawou, 2015).

Plano de Gestão Ambiental e Social (PGAE): é um instrumento desenvolvido para assegurar a integração efectiva do projecto no seu ambiente. Consiste num plano de implementação de medidas ambientais, um plano de monitorização e um plano de acompanhamento (Mendouga, 2013).

1.2.2. Generalidades sobre Desenvolvimento Sustentável
1.2.2.1. Origem

"Um desenvolvimento que satisfaz as necessidades do presente sem comprometer a capacidade das gerações futuras de satisfazerem as suas próprias necessidades. Esta definição é a da Sra. Gro Harlem Brundtland, Primeira-Ministra da Noruega. Foi incluída no Relatório Brundtland de 1987 e proposta pela Comissão Mundial sobre Ambiente e Desenvolvimento. A corrida frenética para o crescimento industrial negligenciou durante décadas o esgotamento dos recursos naturais. O desenvolvimento sustentável é portanto um ideal a alcançar: permitir que todos tenham acesso ao conforto, garantir a liberdade pública, distribuir a riqueza de forma mais justa, proteger o planeta para o bem-estar dos nossos filhos. Esta nova ordem económica concilia o progresso industrial e social com o equilíbrio natural do planeta. Em nome de três princípios: equidade social, eficiência económica e qualidade ambiental (Brochard, 2011).

1.2.2.2. Aspectos ou pilares

O conceito de Desenvolvimento Sustentável baseia-se em três pilares: um aspecto social, um aspecto económico e um aspecto ambiental. O (fig. 1.) é uma ilustração perfeita das diferentes inter-relações entre estes três componentes (Ricci, 2014).

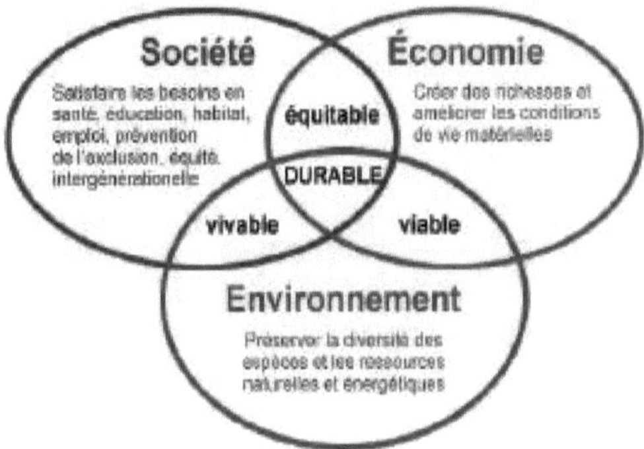

Fig.1. Pilares do Sustentável Dëvelopment (Ricci, 2014).

1.2.2.2.1. Pilar social

No seu início, o desenvolvimento sustentável não tinha uma dimensão social enquanto tal. Estava principalmente orientada para o objectivo de preservar o ambiente. Desde a terceira Cimeira da Terra das Nações Unidas no Rio de Janeiro em 1992, o Desenvolvimento Sustentável já não pode ser limitado ao seu aspecto ambiental.

Face à crescente desigualdade e exclusão social, tanto no interior dos países como entre países industrializados e países em desenvolvimento, deve ser assumido um compromisso para com as populações, para com todos os habitantes do planeta. O Desenvolvimento Sustentável deve permitir às pessoas satisfazer as suas necessidades básicas (nutrição, reprodução, saúde e outras necessidades sociais) de uma forma equitativa.

Todos devem ser iguais na educação, saúde, habitação e emprego. Todas as pessoas devem ser capazes de satisfazer as suas necessidades, tanto agora como no futuro. Falamos então de ëquitë entre дё^га-йснз (Nsabimana, 2016).

1.2.2.2.2. Pilar económico

A noção de desenvolvimento sustentável cresceu em torno de uma crítica ao nosso modelo económico: a corrida desenfreada à produtividade é responsável pelos desastres ecológicos e sociais que o nosso planeta está a sofrer. O objectivo do desenvolvimento sustentável é a criação de riqueza económica, que melhore as condições de vida de todos a longo prazo.

No seu ëbalance com as dimensões social e ambiental, a dimensão ëeconomic permite às pessoas continuarem a satisfazer as suas necessidades, de uma forma que é ëequitable entre todas e sustentável a longo prazo (Nsabimana, 2016).

1.2.2.2.3. Pilar ambiental

O pilar ambiental aparece frequentemente como a primeira questão do desenvolvimento sustentável. Quanto mais o crescimento económico progride, mais o clima se deteriora e mais os recursos naturais se esgotam. O objectivo ambiental é a preservação, protecção e valorização da biodiversidade e dos recursos naturais. É também a melhoria dos nossos estilos de vida, das nossas técnicas de fabrico e dos nossos meios de produção. O desenvolvimento sustentável visa criar uma verdadeira relação de intercâmbio e colaboração entre o homem e o seu ambiente. Para condições habitáveis, para uma relação sustentável, cada um deve poder enriquecer o outro (Nsabimana, 2016).

A governação e a solidariedade são por vezes mencionadas como pilares adicionais do Desenvolvimento Sustentável. Teriam uma acção transversal sobre os outros três valores. E quanto mais a reflexão cresce, mais a noção evolui: poderia ser que o Desenvolvimento Sustentável tende a ser enriquecido por novas práticas e novos conhecimentos (Fig.2).

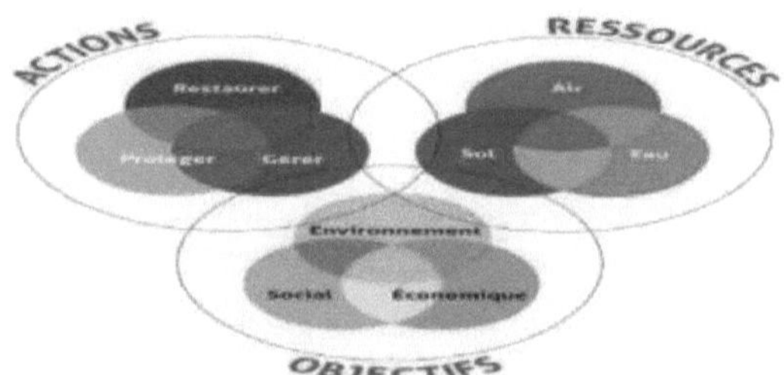

Fig. 2 Diferentes eixos de desenvolvimento sustentável (Warren, 2010).

1.2.3. Conceitos dos Objectivos de Desenvolvimento Sustentável (ODS)
1.2.3.1. Origens dos SDG

Os Objectivos de Desenvolvimento *Sustentável* (ODS) são o nome comummente utilizado para os dezassete objectivos estabelecidos pelos Estados membros das Nações Unidas e que estão reunidos na Agenda 2030 (Caron *et al.*, 2017). Esta agenda foi adoptada pela ONU em Setembro de 2015 após dois anos de negociações incluindo tanto os governos como a sociedade civil (Caron *et al.*, 2017).

Existem 169 objectivos, comuns a todos os países empenhados. Abordam os seguintes objectivos abrangentes: erradicar a pobreza, proteger o ambiente e assegurar a prosperidade para todos. Em nome da propriedade e da comunicação, estão por vezes agrupados em cinco áreas, os "5P": pessoas, prosperidade, planeta, paz, parcerias. (Caron *et al.*, 2017).

Estes objectivos substituem os Objectivos de Desenvolvimento do Milénio (ODM), que terminaram em 2015, e cujos progressos levaram a uma mudança significativa. Aprovada em 2000 por 193 Estados e 23 grandes instituições de desenvolvimento global, a Declaração do Milénio e os Objectivos de Desenvolvimento do Milénio (ODM) deram um contributo significativo para a sensibilização da comunidade internacional para a necessidade de combater a pobreza extrema no Sul, em todas as suas formas. A abordagem tem sido apelativa devido à sua simplicidade e ambição. O interesse da abordagem é ter introduzido a medição, feito uma avaliação regular do desempenho, uma ferramenta para influenciar os governos (Jacquemot, 2015).

As ODS têm em conta as três dimensões do desenvolvimento sustentável: social, económica e ambiental. Também integram aspectos relacionados com a paz e a segurança, o Estado de direito e a boa governação. Na sua declaração, as Nações Unidas reconheceram o know-how, a relevância e o papel importante que os territórios e os actores locais devem desempenhar na definição e implementação dos ODS (Jacquemot, 2015).

1.2.3.2. Objectivos de Desenvolvimento Sustentável

A nova agenda, os ODS, inclui um conjunto de 17 objectivos globais para acabar com a pobreza, combater a desigualdade e a injustiça, e enfrentar as alterações climáticas até 2030 (Jensen, 2017). Estes objectivos incluem:

- erradicar a pobreza: em todas as suas formas e em qualquer parte do mundo;
- combater a fome: eliminar a fome e a fome, garantir a segurança alimentar, melhorar a nutrição e promover uma agricultura sustentável;
- acesso à saúde: capacitar as pessoas para levarem vidas saudáveis e promover o bem-estar de todos em todas as idades;

-       acesso a uma educação de qualidade: assegurar o acesso à educação para todos e promover oportunidades equitativas de aprendizagem de qualidade ao longo da vida;

-       igualdade de género: alcançar a igualdade de género através da capacitação das mulheres e raparigas;

-       acesso à água potável e ao saneamento: garantir o acesso de todos aos serviços de abastecimento de água e saneamento e assegurar uma gestão sustentável dos recursos hídricos;

-       utilização de energia renovável: assegurar o acesso de todos a serviços de energia fiável, sustentável e renovável a um custo acessível;

-       acesso a empregos dignos: promover o crescimento económico sustentado, partilhado e sustentável, emprego pleno e produtivo e trabalho digno para todos;

-       inovação e infra-estruturas: construir infra-estruturas resilientes, promover uma industrialização sustentável que beneficie todos e encorajar a inovação;

-       reduzir as desigualdades: reduzir as desigualdades entre e dentro dos países;

- cidades e comunidades sustentáveis: criação de cidades e assentamentos humanos inclusivos, seguros, resilientes e sustentáveis

- Consumo responsável: introdução de padrões de consumo e produção sustentáveis;

-       combater as alterações climáticas: tomar medidas urgentes para combater as alterações climáticas e os seus impactos;

-       protecção da vida aquática: conservação e utilização sustentável dos oceanos, mares e recursos marinhos para o desenvolvimento sustentável;

-       protecção da fauna e flora terrestres: preservar e restaurar os ecossistemas terrestres, assegurar a sua utilização sustentável, gerir as florestas de forma sustentável, combater a desertificação, travar e inverter a degradação dos solos e travar a perda de biodiversidade;

-       justiça e paz: promover sociedades pacíficas e abertas ao desenvolvimento sustentável, assegurar o acesso à justiça para todos e construir instituições eficazes, responsáveis e abertas a todos os níveis;

- parcerias para objectivos globais: revitalizar e fortalecer a parceria global para o desenvolvimento sustentável (Fig.3).

Fig. 3 Dezassete Objectivos de Desenvolvimento Sustentável (Lambert-Serrant, 2016)

1.2.4. Avaliação ambiental

Avaliação Ambiental (EA) é um termo дёпё^ие que se aplica *a* um conjunto de processos que visam ter em conta o ambiente no planeamento de opëraEo^ ou o dëvelopment de projectos, planos, programas ou políticas, tanto no que respeita ao Estado como ao sector privado (empresas, sociëtë, ...). Refere-se a todo o processo de análise dos efeitos sobre o ambiente (de um projecto de desenvolvimento, de um programa de desenvolvimento ou de uma acção estratégica), medindo a sua aceitabilidade ambiental e informando os decisores (Soumaila, 2011).

A EA constitui portanto uma implementação de métodos e procëdures que permite a consëquences ambiental de uma política, programa ou plano, projecto ou realização, a fim de integrar as questões ambientais o mais a montante possível e tornar as escolhas opërës legíveis para o público no que respeita aos seus possíveis impactos no ambiente (Soumaila, 2011). A EA agrupa assim dois (2) principais catëgories de ferramentas. Estes são instrumentos prospectivos de gestão ambiental preventiva e instrumentos de controlo e gestão ambiental (Fig. 4).

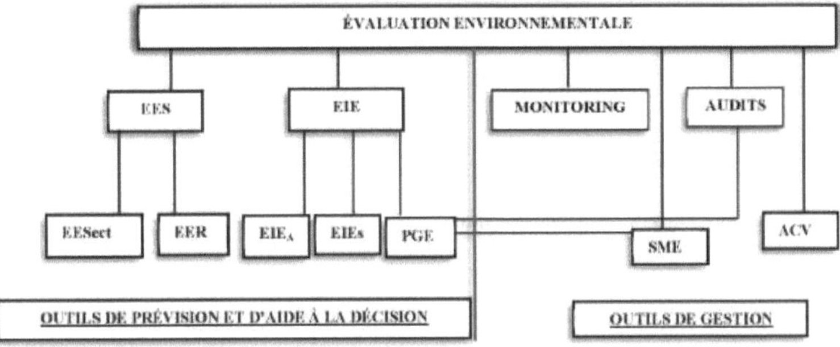

Fig. 4: Ferramentas de avaliação ambiental (Soumaila, 2011).

1.2.5. Avaliação do impacto ambiental e social

A ESIA pode ser definida como uma ferramenta prospectiva que se concentra na identificação e avaliação dos efeitos de um projecto no ambiente em geral e nas suas componentes biofísicas e humanas em particular.

Em particular, a ESIA permite justificar a opção escolhida e especificar as medidas previstas para eliminar, reduzir ou compensar quaisquer danos causados por um projecto. Em suma, é um processo de identificação e análise dos efeitos positivos e negativos dos projectos e programas sobre o ambiente, o ambiente vivo e a saúde. Dependendo da escala e da natureza dos projectos ou programas, é feita uma distinção de acordo com a MINEPDED 2005 dëcret (Mbaye, 2016):

-       A ESIA simplificada ou resumida ;

-       A ESIA em profundidade ou dëtaШёe.

1.2.6. Generalidades na estrada
1.2.6.1. Definição

O termo "estrada" deriva do substantivo latino "*via rupta*" que significa caminho cortado, assim uma estrada é um espaço amënagëed que serve como meio de comunicação ou transporte terrestre. Constitui uma infra-estrutura apropriada para a circulação de peões, animais, veículos e maquinaria, excepto os que necessitam de vias férreas (Manga, 2012).

As estradas são utilizadas para a circulação tanto de pessoas como de mercadorias. São também uma fonte de poluição, ruído e insegurança (acidentes) (Manga, 2012).

1.2.6.2. Importância

Uma estrada é uma via de comunicação de primordial importância, constitui o próprio espelho do desenvolvimento socioeconómico de um país na medida em que promove o comércio interprovincial, a abertura de zonas ou regiões sem litoral (Manga, 2012).

A presença de uma estrada desempenha um papel predominante e permite a mobilidade de pessoas e bens, as descobertas, a melhoria do equilíbrio entre a oferta e a procura, a criação de novas actividades, a atenuação das desigualdades, a valorização de um território, o estímulo de iniciativas, etc... Considerada como um motor de desenvolvimento económico de um Estado, uma estrada tem a vantagem decisiva de permitir o serviço de quase todo o território de porta em porta. O objectivo da estrada é assegurar que o tráfego dos seus utilizadores seja confortável e seguro durante todo o seu funcionamento (Manga, 2012).

1.2.6.3. Classificação das estradas

É feita uma classificação pelo Ministério das Obras Públicas, composta por quatro classes funcionais, ou seja, auto-estradas, estradas nacionais, estradas regionais e estradas municipais.

1.2.6.3.1. Auto-estradas

A auto-estrada é definida como uma estrada de acesso limitado com tráfego de alta velocidade, na qual só se pode entrar ou sair em locais especialmente concebidos para este fim e que, com algumas excepções, não inclui um cruzamento de nível (Anónimo, 2017).

1.2.6.3.2. Estradas nacionais

As estradas nacionais incluem todas as estradas que formam a espinha dorsal vital da rede e as principais ligações internacionais, incluindo estradas que servem as principais cidades e centros intermodais do Rëgion, para além de outras estradas de interesse nacional e estratégico, ambas servindo os principais pólos de interesse nacional, e contornando os principais centros urbanos (Anónimo, 2017).

1.2.6.3.3. Estradas regionais

As estradas regionais incluem todas as estradas de interesse regional, quer ligando capitais regionais a capitais departamentais e capitais departamentais entre si, quer servindo pólos regionais; as estradas transfronteiriças de interesse regional estão também incluídas (Anónimo, 2017).

1.2.6.3.4. Estradas municipais

As estradas comunitárias incluem todas as estradas de interesse comum, tanto as que ligam as capitais departamentais e as capitais de distrito a outras unidades administrativas, como as que as ligam a uma estrada nacional e a pólos de interesse departamental, bem como as estradas intercomunais ou as que asseguram a continuidade da rede (Anónimo, 2017).

1.2.7. Quadro jurídico e institucional do projecto

1.2.7.1. . Quadro internacional

1.2.7.1.1. Convenções

Os Camarões são signatários de cerca de trinta convenções multilaterais, regionais e sub-regionais sobre a protecção da natureza e dos recursos naturais. As relevantes para o presente estudo são as seguintes:

* A Convenção do Rio sobre Biodiversidade assinada em 5 de Junho de 1992 no Rio;

* A Convenção-Quadro das Nações Unidas sobre Alterações Climáticas, ratificada em 1994, e o Protocolo de Quioto, ratificado em 2002;

* a Convenção sobre Zonas Húmidas de Importância Internacional, adoptada na RAMSAR a 2 de Fevereiro de 1971;

* a Convenção para a Protecção da Camada de Ozono e o Protocolo de Montreal sobre Substâncias que Deterioram a Camada de Ozono;

* a convenção internacional sobre responsabilidade civil por danos causados pela poluição por petróleo, adoptada em bruxelas a 29 de novembro de 1969;

* a Convenção de Estocolmo sobre Poluentes Orgânicos Persistentes (POPs);

O controlo ambiental das obras deve, de acordo com esta convenção, ser feito de modo a que as empresas só utilizem os POP de acordo com os requisitos normativos:
a convenção sobre diversidade biológica ;
A Convenção sobre o Comércio Internacional de Espécies de Fauna e Flora Selvagens Ameaçadas de Extinção (Convenção CITES) ou Convenção de Washington; assinada a 3 de Março de 1973 e notificada pelos Camarões em Junho de 1981;

* a convenção sobre desertificação ;
* Convenção da UNESCO relativa à Protecção do Património Mundial, Cultural e Natural;
* a Convenção de Bona sobre a Conservação das Espécies Migratórias de Animais Selvagens ;
* a Convenção Africana sobre a Conservação da Natureza e dos Recursos Naturais (Convenção de Argel 1968);
* O Acordo de Cooperação e Consulta entre os Estados da África Central sobre a Conservação da Vida Selvagem;
a Convenção de Basileia sobre o Controlo de Movimentos Transfronteiriços de Resíduos Perigosos e sua Eliminação, de 1989, assinada pelos Camarões em 2001.

1.2.7.1.2. Políticas de Salvaguarda do Banco Mundial

Este estudo é também regido pelas Políticas de Salvaguarda do Banco Mundial e por uma série de textos legais relacionados com o ambiente. As políticas de salvaguarda ambiental a considerar incluem
- Política de Salvaguarda OP/BP 4.01: Avaliação Ambiental;
- Política de Salvaguarda OP/BP 4.11: Recursos Culturais e Físicos
- Política de Salvaguarda OP/BP 4.12: Deslocação e Repovoamento Involuntários;
- Política de Salvaguarda OP/BP 4.36: Silvicultura;

1.2.7.2. Quadro nacional

1.2.7.2.1. Quadro legal e regulamentar

A nível nacional, os Camarões dispõem de um conjunto de textos legislativos e regulamentares relacionados com a protecção do ambiente, alguns dos quais tratam das modalidades de realização de estudos de impacto ambiental. Estes são Leis
* Lei nº 96/12 de 5 de Agosto de 1996 sobre a gestão ambiental;
* Lei n.º 98/005 de 14 de Abril de 1998 sobre o regime da água;
* Lei Nº98/015 de 14 de Julho de 1998 relativa a ëtablissements classës dangereux,

insalubres ou incommodes;

- Lei n° 94/01 de 20 de Janeiro de 1994 sobre o regime das florestas, vida selvagem e pescas;

- Lei n° 96/67 de 8 de Abril de 1996 sobre a protecção do património rodoviário nacional;

- Lei N° 2016/017 de 14 dë de Dezembro de 2016 sobre o código mineiro;

- Lei N° 85/09 de 04 de Julho de 1985 relativa à expropriação por utilidade pública e modalidades de indemnização: Esta lei estabelece as condições de expropriação no caso de um projecto de utilidade pública;

Dëcrets, Arretes e circulares

- O decreto N°2013/171/PM de 14/02/2013 que fixa as modalidades de realização de estudos de impacto ambiental que especifica, entre outras coisas, o procedimento para a realização de estudos, as taxas a pagar, as modalidades de realização de consultas e audições públicas (artigos 9° a 20°). Finalmente, este decreto estabelece o procedimento de controlo e acompanhamento ambiental dos projectos;

- Decreto n° 2018/366 de 20 de Junho de 2018 sobre o Código dos Contratos Públicos;

- O decreto N° 2011/2582/PM de 23 de Agosto de 2011 que fixa as modalidades de protecção da atmosfera;

- Decreto n.° 2011/2583/PM de 23 de Agosto de 2011 sobre a regulamentação dos incómodos sonoros e odoríferos, que proíbe actividades ou obras ruidosas (> 85 decibéis), afectando a vizinhança, em qualquer lugar, acima dos valores e períodos de emergência estabelecidos pelo organismo responsável pela normalização e qualidade. O mesmo se aplica às emissões de odores que afectam a vizinhança em qualquer lugar acima dos valores de emissão estabelecidos pelo organismo responsável pelas normas e qualidade;

- Decreto N°2011/2584/PM de 23 de Agosto de 2011 que estabelece as modalidades de protecção do solo e subsolo que especifica no seu artigo 3° que qualquer actividade relacionada com a exploração do solo deve ser realizada de forma a evitar ou reduzir a erosão e desertificação do solo. O artigo 5 proíbe qualquer actividade que degrade ou modifique a qualidade e/ou estrutura das terras aráveis ou contribua para a perda de tais terras;

- Despacho n° 0070/MINEP de 22 de Abril de 2005 que estabelece as diferentes categorias de operações cuja realização está sujeita a uma avaliação do impacto ambiental. Esta ordem também diferencia o nível de estudo (estudo de impacto detalhado ou sumário) de acordo com a natureza dos projectos.

- A portaria N°00004/MINEP de 03 de Julho de 2007 que fixa as condições de aprovação dos gabinetes de investigação para a realização de estudos de impacto e auditorias ambientais. Estabelece as condições a cumprir pelos gabinetes de investigação para obter a aprovação do Ministério responsável pelo ambiente para a realização de estudos de impacto e auditorias ambientais. No seu artigo 11º, especifica que uma AIA ou relatório de auditoria ambiental só pode ser recebido pelo Ministério responsável pelo ambiente se tiver sido realizado por uma empresa de consultoria aprovada, nas condições estabelecidas pela legislação em vigor na matéria. O Egis Camarões foi aprovado pela MINEPDED.

• Circular N° 00908/MINTP/DR sobre "Directrizes para a consideração dos impactos ambientais na manutenção de estradas" actualmente aplicáveis a todos os projectos de manutenção e reabilitação de estradas nos Camarões;

Os outros textos legislativos e regulamentares relevantes para esta avaliação de impacto ambiental são

• Lei nº 92/007 de 14 de Agosto de 1992 sobre o Código do Trabalho;

• Decreto nº 95/466/PM de 2 de Julho de 1995 que estabelece as modalidades do regime da vida selvagem;

• Decreto N°95/531/PM de 23 de Agosto de 1995 que fixa as modalidades de aplicação do regime florestal.

1.2.7.2.2. Quadro institucional

Nos Camarões, existem várias instituições que trabalham na área ambiental. Assim, distinguimos entre departamentos ministeriais, autoridades locais, organizações não governamentais (ONG) e associações. As instituições abrangidas por este estudo estão listadas abaixo.

1.2.7.2.2.1 Comissão Interministerial para o Ambiente (CIE)

Criado pela lei-quadro N°96/12 de 5 de Agosto de 1996 relativa à gestão do Ambiente, o Decreto N°2001/718/PM de 3 de Setembro de 2001 fixa a organização e o funcionamento deste comité. De acordo com este decreto, a missão da CIE é assistir o Governo na elaboração, coordenação, execução e controlo das políticas nacionais em matéria de ambiente e desenvolvimento sustentável (art. 2 (1)). Este decreto foi recentemente modificado e completado pelo Decreto nº 2006/1577/PM de 11 de Setembro de 2006 para ter em conta a configuração do Governo de 08 de Dezembro de 2005. A CIE, que é presidida pelo Ministro Delegado na MINEPDED, tem 17 membros em representação dos departamentos ministeriais. Terá de dar o seu parecer sobre a actual AIE.

• Ministério do Ambiente, Protecção da Natureza e Desenvolvimento Sustentável (MINEPDED)

Este ministério tem ële crëë no seguimento da divisão em dois do antigo Ministério do Ambiente e das Florestas (MINEF). É responsável pela formulação e implementação da política ambiental nacional, a determinação de estratégias de gestão sustentável dos recursos naturais e o controlo da poluição. A MINEPDED é responsável pela Comissão Consultiva Nacional para o Ambiente e Desenvolvimento Sustentável (CNCEDD), bem como pela Comissão Interministerial para o Ambiente (CIE), que são quadros de consulta onde os operadores e actores ambientais se reúnem para harmonizar as suas abordagens, particularmente no que diz respeito à gestão sustentável dos recursos naturais. Está também encarregue das seguintes missões

- estabelecimento e aplicação de normas e regulamentos de protecção ambiental;
- execução de inspecções ambientais ;
- promover a educação e sensibilização ambiental ;
- participação em acções de gestão e prevenção de catástrofes e riscos naturais;
- gestão do Fundo Nacional para o Ambiente e o Desenvolvimento Sustentável.

1.2.7.2.2.2 Ministério das Florestas e da Vida Selvagem (MINFOF)

O MINFOF é outro departamento ministerial particularmente preocupado com este estudo, devido à sensibilidade da área em termos de biodiversidade. Este ministério é responsável pela luta contra a caça furtiva e a protecção de espécies protegidas, entre outras actividades.

Os departamentos ministeriais encarregados da água e da saúde pública estão também interessados na gestão ambiental deste projecto.

1.2.7.2.2.3 Ministério das Obras Públicas (MINTP)

De acordo com o Decreto Presidencial de Dezembro de 2011, sobre a reorganização do governo, a MINTP é responsável pela manutenção e protecção do património rodoviário, bem como pela supervisão e controlo técnico da construção de edifícios públicos. A este respeito, coordena todos os estudos necessários para a adaptação das infra-estruturas aos ecossistemas locais em ligação com o MINEPDED, o ministério responsável pela investigação científica, instituições de investigação ou ensino e qualquer outro organismo competente.

1.2.7.2.2.4 Ministério das Minas, Indústria e Desenvolvimento Tecnológico

A MINIMIDT é responsável pela prospecção geológica e actividades mineiras. Em particular, os seus serviços estarão envolvidos na supervisão da exploração de pedreiras (gravilha e escombros) a serem utilizadas para a construção da estrada e estruturas de engenharia. No âmbito da abertura e exploração de locais para empréstimo de materiais e pedreiras, é a MINIMIDT que emite autorizações ou licenças de exploração.

1.2.7.2.2.5 Ministério das Terras, Cadastro e Assuntos Terrestres

A MINDCAF está encarregue da gestão do património nacional. É responsável pela elaboração, implementação e avaliação da política do Governo em matéria fundiária e cadastral. Como tal, é responsável, entre outras coisas, pela gestão do domínio nacional e pelas propostas para a sua atribuição. Desempenha um papel fundamental na garantia da posse da terra. Os seus funcionários são membros das Comissões Departamentais de Expropriação e são responsáveis pela avaliação dos bens imobiliários (terrenos e habitações).

1.2.7.2.2.6 Ministério da Agricultura e do Desenvolvimento Rural

O MINADER é responsável pela política governamental em matéria de agricultura e desenvolvimento rural. A fim de cumprir as missões que lhe foram atribuídas, o MINADER adoptou uma estratégia para o desenvolvimento do sector rural, cujo um dos principais objectivos é a aceleração do aumento da produção agrícola e alimentar a fim de satisfazer, a todo o momento e em todos os lugares, as necessidades alimentares da população, tanto em termos de quantidade como de qualidade.

1.2.7.2.2.7 Ministério da Habitação e do Desenvolvimento Urbano

A MINHDU é responsável pela melhoria do ambiente de vida das capitais e cidades regionais, em ligação com os departamentos ministeriais relevantes. O desenvolvimento, reestruturação, embelezamento, saneamento e drenagem, higiene e saneamento, bem como a supervisão da recolha, remoção e tratamento de resíduos nas cidades sob a sua jurisdição.

1.2.7.2.2.8 Ministério do Trabalho e da Segurança Social

O Ministério do Trabalho e Segurança Social (MINTSS) é responsável pela preparação, implementação e avaliação da política e programas do Estado nas áreas das relações laborais, estatuto dos trabalhadores e segurança social.

1.2.7.2.2.9 Governo Local e Organização da Sociedade Civil

As administrações locais e as chefias tradicionais estão directamente envolvidas neste projecto. O seu papel é crucial dado o seu conhecimento do ambiente e a sua capacidade de mobilização ou de sensibilização da população local. Além disso, a escolha das medidas de acompanhamento do projecto é-lhes proposta, a fim de assegurar uma inserção harmoniosa do projecto no clima social. É por isso que estão associados às consultas públicas.

1.2.8. Descrição do projecto

Até 2010, o único troço não pavimentado do corredor Douala - Ndjamena era o troço Garoua-Boulai - Ngaoundere (264 km), que agora está quase completamente pavimentado. No entanto, é o trongon Maroua - Kousseri (265 km) que é um verdadeiro percurso de obstáculos devido ao nível de deterioração da superfície da estrada. Muitos viajantes estão fartos da miséria que sofreram durante vários anos. Esta secção foi construída na década de 1970.

Com base em todas estas observações, a melhoria da estrada Maroua - Kousseri foi incluída nas prioridades do Governo. As obras de reabilitação desta estrada foram divididas em três lotes, como se segue:

-       Lote 1: Maroua - Mora (60 km);

-       Lote 2: Mora - Dabanga (132 km) ;

-       Lote 3: Dabanga - Kousseri (70 km) + mais a estrada de circunvalação de Kousseri.

Este trabalho, financiado pelo Banco Mundial, está em curso desde 2013 nos lotes 2 e 3. O estudo centra-se no Lote 1, o único lote em que a implementação do projecto foi eficaz (Fig. 5).

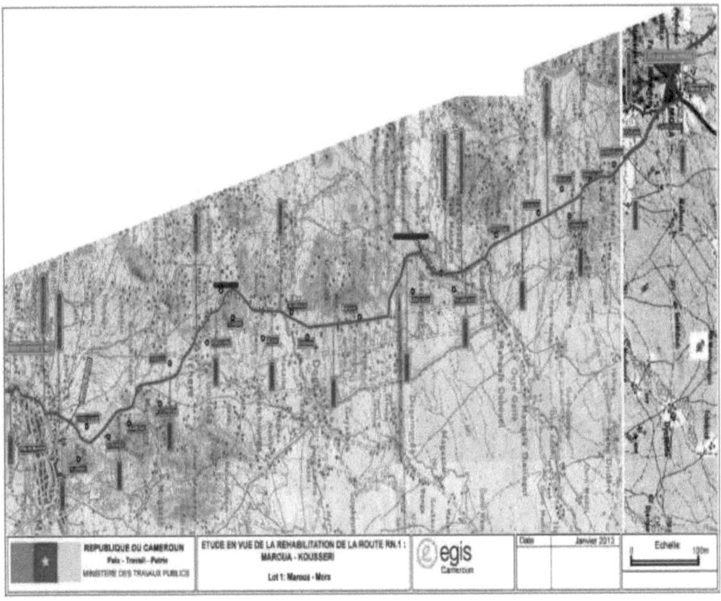

Fig. 5: Visão geral do percurso do projecto.

I.2.9. Apresentação do ambiente da área de estudo
I.2.9.1. Ambiente físico

I.2.9.1.1. Chuva

O projecto está localizado numa zona climática tropical seca com duas estações: uma longa estação seca de 8-9 meses e uma curta estação chuvosa que varia entre 4-3 meses. A tendência actual é que comece tarde (Junho) e termine em Setembro. A precipitação anual registada em torno de Mora e Maroua varia de 600 a 900mm, influenciada pela frente intertropical (ITF), não é muito regular. A convergência dos ventos secos do Norte e dos ventos húmidos do Sul provoca trovoadas imprevisíveis que são típicas do clima da região e responsáveis por variações pluviométricas agudas tanto no tempo como no espaço. Esta sucessão de défices pluviométricos ao longo de vários anos causa um forte efeito cumulativo nos lençóis freáticos superficiais, resultando na secagem rápida dos rios. A precipitação é muito caprichosa e leva a inundações graves, como evidenciado pelas cheias de Agosto de 2012, causando danos materiais significativos e perda de vidas (Sitcheu, 2017).

A baixa distribuição da precipitação ao longo do tempo é favorável à programação de trabalhos durante os períodos secos. Por outro lado, poderia revelar-se muito pëuble para os trabalhadores trabalhar sob o clima agressivo e ter quant^s de água suficientes para as necessidades do local de trabalho (a estação seca ëbeing sinónimo de seca) (Tabopda e Fotsing, 2010). (Fig.6).

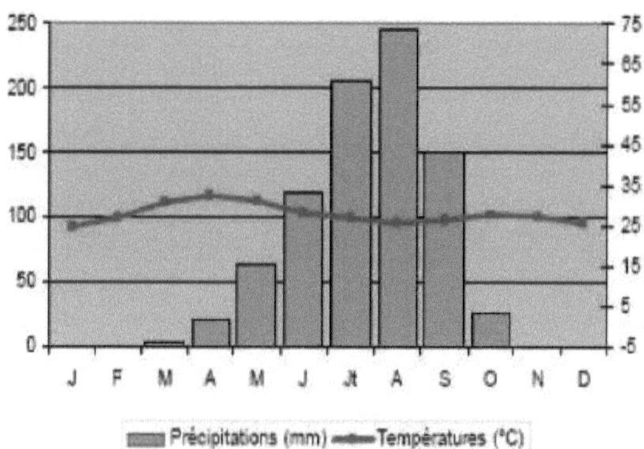

Fig. 6: Diagrama umbrotérmico da estação Maroua Salak (Tabopda e Fotsing, 2010).

I.2.9.1.2. Alívio

A paisagem à volta do troço Maroua-Mora é marcada por cadeias de montanhas incluindo o Monte Makabaye, o Monte Oupay (1436m), o Monte Ziver (1349m), o Monte Tchere, e as Montanhas Mandara em direcção a Mora na fronteira nigeriana. O seu carácter montanhoso deve-se não só à sua modesta altitude entre 800 e 1500 m, mas também às encostas íngremes e às incisões bruscas dos rios que os dividem.

São na realidade caos rochoso acima de interflúvios ruinosos que se elevam entre valores ortogonais profundos (Fig.7) (anónimo, 2013).

Fig.7. Cordilheira de Tchere Pk 19 (anónima, 2013).

1.2.9.1. 3. Geologia/Pedologia

A Região do Extremo Norte é principalmente caracterizada por formações aluviais. Os Vertisols (solos argilosos) dominam na planície de Diamare. Estudos geotécnicos mostram que os solos são argilo-arenoso numa parte e Karal noutra parte. Estes Karals são argilas insaturadas da família Montmorillonite. Os Karals estão também sujeitos à erosão, salinização, lixiviação e incrustação phënes, que degradam rapidamente a sua qualidade (fertilidade). Contudo, apoiam uma savana arbustiva típica com *Acacia seyal* (*Mimosaceae*) e culturas alimentares tradicionais como o sorgo, o algodão e a batata-doce (Ndengue, 2011).

1.2.9.2. Ambiente biológico

1.2.9.2.1. Vegetação

A vegetação dominante é a savana arbustiva característica da zona Sudano-Saheliana. Espécies tais como *Faidherbia albida, Ziziphus mauritiana, Tamarindus indica, Azadirachta indica, Acacia seyal etc.* encontram-se aqui. Algumas destas plantas são utilizadas na farmacopeia tradicional. A Azadirachta indica está a ganhar terreno em toda a área do projecto e é a formação vegetal mais comum. É favorecida pelo fenómeno da reflorestação. Esta espécie está dispersa ao longo do tronco da estrada.

Esta vegetação está a sofrer uma grave deterioração como resultado do crescimento populacional, da criação de novas plantações e do corte abusivo de lenha e madeira de serviço (Anónimo, 2016).

1.2.9.2.2. Vida selvagem

A ausência de estudos e inventários sistemáticos torna impossível determinar com precisão o potencial qualitativo e quantitativo da fauna na área do projecto. Contudo, os dados recolhidos dos serviços locais do MINFOF mostram que a fauna, outrora muito rica e diversificada, é agora muito magra. Vários factores estão na origem da rarefacção da fauna. Estes incluem a agricultura e a criação extensiva de gado (sobrepastoreio). Além disso, a prática da agricultura de corte e queimadura é também uma causa da perda de vida selvagem. Além disso, após a secagem da planície em 1979 com a construção da barragem Maga, parece ter havido uma migração significativa de populações de mamíferos para outras áreas (Tchamba, 1996).

O maior número de mamíferos na Região do Extremo Norte encontra-se agora no Parque Nacional de Waza sitiic, a cerca de 100 km de Maroua. Os principais mamíferos encontrados são o ëlëphants, espiga de búfalo, gazela, girafa e damalisque (Oumarou B, 2000). As grandes populações de elefantes e girafas têm um impacto definitivo na distribuição de certas plantas lenhosas, tais como *a Acacia seyal*. Apesar desta riqueza de fauna, algumas espécies de mamíferos estão ameaçadas de extinção, tais como o Grimm, serval, gato selvagem, caracal, gato civil e raposa pálida (MINEF e IUCN, 1997).

A fauna aviária é representada por abutres, águias, pardais, gansos, garças, pombas de tartaruga, munchkins entre outros. (Fig.8).

Fig. 8. algumas imagens da fauna local (a-Vultures; b-Lezards; c-Snakes na pedreira de Salak). (Anónimo, 2016).

1.2.9.3. Ambiente humano

1.2.9.3.1. Grupo étnico

A extrema variedade de grupos humanos é uma das principais características desta parte do norte dos Camarões. Nada menos do que quarenta grupos étnicos partilham a região. A sua densidade aumenta desde as planícies até às montanhas. O relevo mais compartimentado das montanhas do norte de Mandara favorece a fragmentação étnica (Sitcheu, 2017).

A este respeito, vários grandes grupos étnicos estabelecidos habitam as localidades abrangidas pela secção:

■ Diz-se que os *Guiziga* se estabeleceram nesta região há cerca de três séculos. Encontram-se exclusivamente no departamento de Diamare.

■ O povoado de Mandara deve-se a movimentos do Oriente e do Ocidente, que por vezes têm sido inextricavelmente entrelaçados. Os maciços do norte de Mandara são os mais populosos e etnicamente mais diversificados.

■ Os Kanouri e Bornouan e o grupo *Mofu*.

1.2.9.3.2. Demográficos

Segundo o relatório do Gabinete Central de Recenseamento e Estudos Populacionais (BUCREP) (2010), a Região do Extremo Norte dos Camarões tem uma população estimada em 3.111.792 habitantes para uma taxa de crescimento populacional estimada em 3,4%. Os Departamentos de Diamare e Mayo Sava têm 642.227 e 330.410 habitantes respectivamente.

Esta elevada taxa de crescimento populacional deve-se ao afluxo de refugiados chadianos, por um lado, e de imigrantes dos departamentos vizinhos, Nigéria e Níger, por outro. Este crescimento demográfico é inevitavelmente acompanhado de um aumento das necessidades e consequentemente de um aumento do tráfego nas estradas que o servem.

1.2.9.3.3. Infra-estruturas sociais
1.2.9.3.3.1. Infra-estruturas escolares

Dentro da área de impacto do projecto existem infantários, escolas primárias e secundárias, e escolas de ensino superior. Algumas destas escolas estão localizadas nas imediações da estrada actual. Durante as consultas públicas, as exigências foram muito mais centradas na segurança das escolas e na segurança dos peões (crianças em idade escolar) (anónimo, 2013).

Há pelo menos uma escola primária em quase todas as grandes aldeias (Godola, Mailigai, Lalawai) na área de estudo. Estas são escolas de ciclo completo com muito poucas salas de aula para as seis séries. Estas escolas, construídas com materiais temporários e permanentes, estão na sua maioria subequipadas e o pessoal docente é por vezes irregular. Geralmente, os alunos que abandonam estas escolas no final da sua educação primária vão para os centros urbanos para continuarem os seus estudos. A matrícula de raparigas continua baixa, mas está claramente a melhorar.

1.2.9.3.3.2. Infra-estruturas de saúde

A Organização Mundial da Saúde (OMS) recomenda um centro de saúde para cada 10.000 habitantes para que uma equipa de saúde de primeiro nível (хпйгтёге, trabalhador da saúde...) possa lidar com a sonda de saúde de uma localidade, nos sentidos curativos, preventivos e promocionais da palavra.

Os hospitais são raros ao longo da extensão do estudo. Os hospitais e clínicas encontram-se apenas nas cidades de Maroua, Токотьёгё e Mora. As aldeias maiores têm, tanto quanto possível, Centros de Garantia Integrados (CSI). Em geral, as estruturas sanitárias da região estão muito mal equipadas: o equipamento básico nem sempre está disponível. Também o pessoal médico é muito insuficiente. O nível de equipamento destas instalações não lhes permite levar a cabo uma campanha de prevenção eficaz contra as principais doenças na região actualmente (Anónimo, 2013).

CAPÍTULO II

MATERIAIS E MÉTODOS

11.1. Material

11.1.1. Apresentação da área de estudo

A estrada Maroua - Mora é um dos troncos da Estrada Nacional n° 1 que conduz ao vizinho Chade. Geograficamente, a área de estudo está localizada na latitude 10°49'07.33"N e longitude 14°13'48.92"E.

O início do projecto é na entrada da cidade de Maroua, a 100 m da ponte Makabaye sobre a Mayo Tsanaga e termina na cidade de Mora. Administrativamente, a rota do projecto atravessa os Departamentos de Diamare e Mayo Sava, na Região do Extremo Norte. O controlo desta divisão administrativa é determinante para a escolha dos membros e a definição de responsabilidades institucionais no mecanismo de resolução de litígios e recursos.

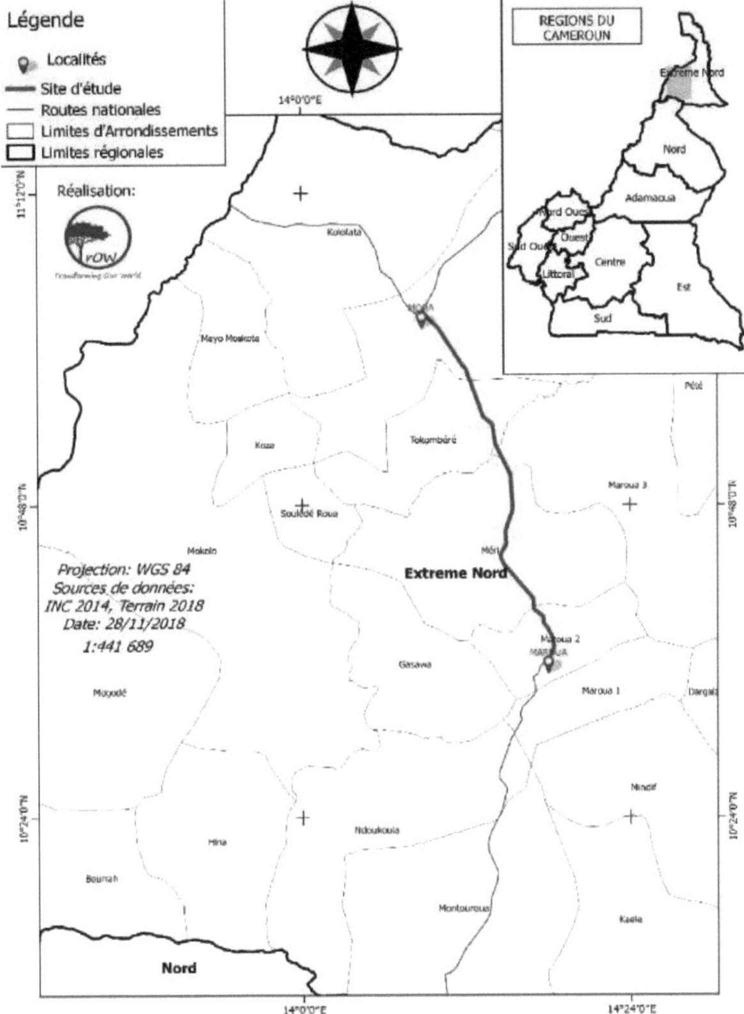

Fig. 9 Localização da área de estudo.

11.1.2. Apresentação do material

A realização deste trabalho exigirá a mobilização de uma série de matëriel, a maioria dos quais tem ële ий^ë para trabalho de campo. Estes incluem:

- folhas de recolha de dados para pedir informações aos alvos;
- cadernos como material didáctico;
- uma máquina fotográfica para tirar as fotografias;
- um guia de orientação e tradução, quando apropriado;
- Equipamento de Protecção Individual (EPI);
- um computador com Microsoft Office Excel 2013 para registo e

processamento de dados.

11.2. Métodos

11.2.1. Dados secundários

Os dados secundários foram obtidos através de uma extensa revisão bibliográfica nas instituições apropriadas (MINTP, MINEPDED, MINEE), pesquisas na Internet, leitura de dissertações e trabalhos similares no Departamento de Biologia e Fisiologia Vegetal (DBPV) e ensinamentos recebidos ao longo da nossa formação académica.

11.2.2. Dados primários

Os dados que foram recolhidos são de dois tipos: dados quantitativos e dados qualitativos. Cada tipo de dados foi recolhido de acordo com vários métodos, entre os quais o Método de Investigação Participativa Acelerada (APRM) (que coloca uma ênfase particular na valorização do conhecimento local e na sua combinação com o conhecimento científico moderno para fornecer elementos de decisão) e o método de triangulação. Esta última consiste na verificação da informação através de três (03) fontes principais: consulta de documentos existentes, entrevistas com diferentes intervenientes e observações de campo.

11.2.2.1. Enquadrar os aspectos do desenvolvimento sustentável na área de estudo

O enquadramento dos aspectos (pilares) do Desenvolvimento Sustentável na área de estudo foi realizado graças a observações visuais e inquéritos realizados com o pessoal da empresa SOTCOG, a missão de controlo (Groupement HYDROARCH S.R.L./PYRAMIDES INTER/BRETCAM Sarl) e com as populações locais do projecto.

11.2.2.1.1. Investigações

Um quadro de inquérito tem ële administrado às populações locais do projecto. Estes inquéritos foram realizados de acordo com as técnicas de inquérito e amostragem propostas por Brossier e Dussaix (1999). Esta técnica afirma que, para realizar um inquérito por amostragem, é observar uma pequena parte de uma população (Tecluintillon), e extrapolar os resultados para gënëralize para toda a população.

O número total de actores entrevistados foi de 175 para as 28 aldeias que foram subdivididas em 6 zonas (Tabela I).

Tabela I. Intervenientes entrevistados

Actores	Números	Percentagens
Fëminin	44	25 %
Sexo masculino	131	75 %
Total	175	100 %

Os homens tinham uma percentagem de inquiridos em ëkyë devido ao facto dos costumes, que estipulam na maioria das aldeias limítrofes do projecto, que a mulher não deve ëchange onde se encontram os homens.

11.2.2.1.2. Entrevistas

Foram realizadas entrevistas com pessoas de recurso da SOTCOCOG, chefes de aldeia na área do projecto, e funcionários regionais da MINEPDED e da MINEE. Isto permitiu a clarificação das zonas cinzentas, a recolha dos problemas encontrados e os pontos de vista dos vários intervenientes.

11.2.2.1.3. Observações e captação de imagens

A fim de obter dados fiáveis, os inquéritos e entrevistas foram complementados com a recolha de imagens. Estas observações permitiram um olhar mais atento sobre as práticas reais levadas a cabo pela população local no local do estudo.

11.2.2.2. Avaliação da conformidade do ESMP com os SDG

A avaliação da conformidade do PEMS com os GDS foi realizada em três etapas: avaliação do PEMS de acordo com o NES do Banco Mundial, avaliação do nível de implementação dos indicadores do PEMS, avaliação das medidas relacionadas previstas pelo projecto de acordo com os indicadores do GDS.

Para reavaliar o ESMP de acordo com o NES do Banco Mundial, os impactos foram ële sëlected, e depois os indicadores das medidas do projecto foram ëlë comparados com os objectivos do NES do Banco Mundial.

Para a avaliação do nível de implementação dos indicadores do PMSE, *foram* identificados os impactos mais redundantes durante a implementação do projecto, e depois o nível de implementação das suas medidas foi avaliado de acordo com os indicadores do MINEPDED e do Banco Mundial.

A fim de reavaliar as medidas relacionadas com o projecto, foi feito um comparativo ëlë ëtude em relação às dotações das populações das seis áreas subdivididas e dos ODS globais na área de estudo. A avaliação do nível de consideração dos GDS teve em conta a apreciação pessoal do número e da qualidade das actividades relacionadas com o projecto, previa a realização de um GDS específico.

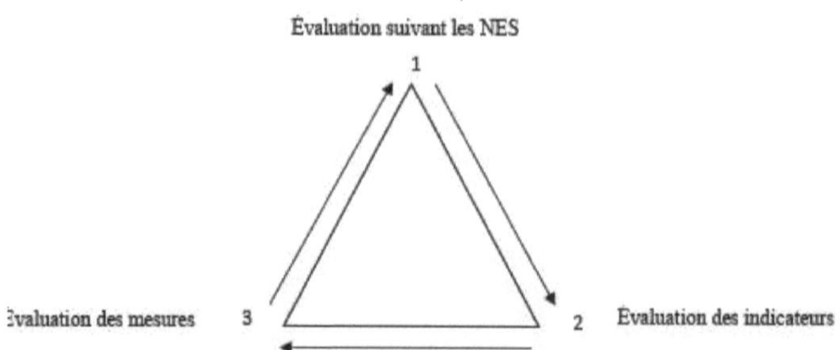

1. avaliação de acordo com o SEN 2. Avaliação dos indicadores 3. Avaliação das medidas

11.2.2.3. Propostas de medidas para melhorar a integração da abordagem do Desenvolvimento Sustentável

A análise da conformidade do ESMP com os SDGs permitiu identificar algumas deficiências em relação às medidas propostas pelo ESMP do projecto. Com base nos dados recolhidos durante a revisão do documento e no terreno, foram propostas várias acções compensatórias de acordo com a importância do problema para as actividades do projecto e para a população. Depois, eles ële reuniram-se sob a forma de um plano de acção cohërant.

11.2.3. Tratamento dos dados recolhidos

Após a codificação dos dados de campo, foi utilizado o Microsoft Excel 2013 para a análise dos dados. Os dados da análise estatística foram prësentëes sob a forma de tabelas e histogramas. O mapeamento da área de estudo foi realizado a utilizando o software ArcGIS 10.

CAPÍTULO III

RESULTADOS E DISCUSSÃO

111.1. Resultados
111.1.1. Enquadrar os pilares do desenvolvimento sustentável na área de estudo
111.1.1.1. Aspecto social

111.1.1.1.1. Cuidados de saúde

A análise feita na área de estudo revela que o sector da saúde ainda não está muito desenvolvido. Os inquéritos têm rëyë! ë que os estabelecimentos de saúde mais representados (FOSA) ao longo da área do projecto são os Centres de Sante Inegree (CSI) (89,39%), enquanto a presença de Hospitais Distritais (HD) (7,58%) e Hospitais Regionais (HR) (3,03%) é notada (Fig.11).

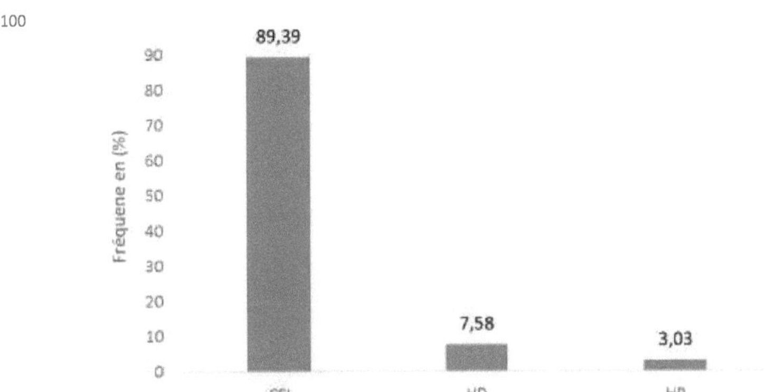

Fig. 10: Distribuição das instalações de saúde na área de estudo.

111.1.1.1.2. Domínio da educação

Investigações realizadas na área de estudo relativamente ao sector da educação mostram que as escolas primárias são as mais representadas (80,05%), seguidas pelas escolas secundárias (17,85%) (Fig. 12)

Lëgende: zona 1: Ouro Tchede, Palar, Frolina, Wournde II; zona 2: Sekande, Mambang II, Mambang I, Mogordom; zona 3: Godola, Tchere, Sakvavar, Mikiri; zona 4 : Lalawai, Mokio, Moundouf, Dia, Ouro Barka; zona 5: Makalingai, Tala Bicher, Tindreme, Mouvarai; zona 6: Doubou I, Doubou II, Djamakia, Dargala, Seradoumda, Pont Sava, Mora

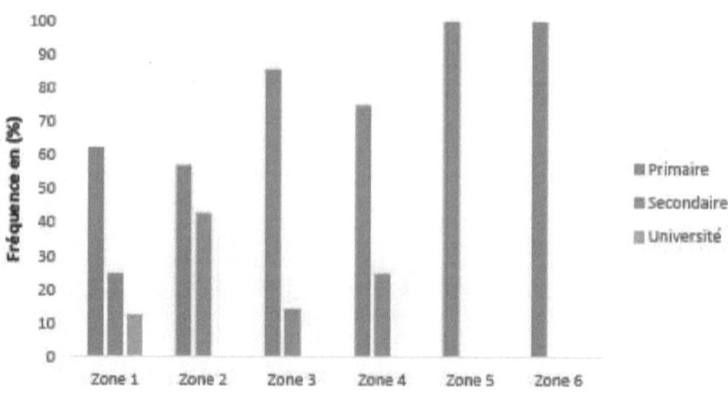

Fig.11. Rëpartition de ëtaЫ escolas

Embora estas ëtaЫ instituições educativas brilhem em termos de números, a qualidade da infra-estrutura de acolhimento não é menos importante. De facto, os inquéritos mostraram que a maioria destas escolas são construídas com materiais temporários e estão localizadas nas proximidades imediatas da estrada (Fig. 13).

Fig. 12. Escola na área de estudo (a- St John Newman Catholic Primary School em Wournde IV, b- CES em Mouvarai).

III.1.1.1.1.3. Área de abastecimento de água

Os resultados indicam que, para além da Zona 1, o resto das aldeias ao longo do Trongon não estão ligadas à rede de distribuição de Camwater. Na Zona 1, quase 94% das pessoas utilizam água de Camwater. Além disso, a maioria das aldeias, respectivamente as das populações da zona 2 a zona 6, obtêm a sua água de poços (amënagës ou não), furos e rios (Fig.14).

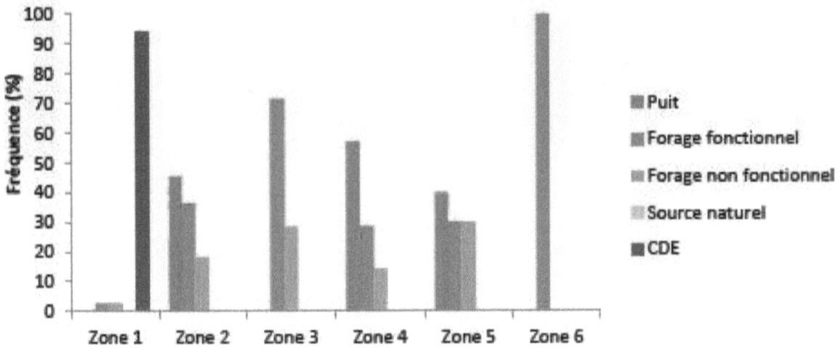

Legenda: zona 1: Ouro Tchede, Palar, Frolina, Wournde II; zona 2: Sekande, Mambang II, Mambang I, Mogordom; zona 3: Godola, Tchere, Sakvavar, Mikiri; zona 4 : Lalawai, Mokio, Moundouf, Dia, Ouro Barka; zona 5: Makalingai, Tala Bicher, Tindreme, Mouvarai; zona 6: Doubou I, Doubou II, Djamakia, Dargala, Seradoumda, Pont Sava, Mora

Fig.13. Distribuição de abastecimento de água

O estudo também descobriu que as pessoas na maioria das aldeias ao longo do trongon têm vários meios de abastecimento de água, incluindo furos, poços e fontes de água do CDE (Fig. 15).

Fig.14. Métodos de abastecimento de água potável na área do projecto (a-CDE; b- Poços c-perfuração)

III.1.1.2. Aspecto económico

III.1.1.2.1. Actividades económicas do sector primário

Os resultados obtidos mostram a presença de dois tipos de sector primário, nomeadamente o sector de produção (agricultura, pecuária e artesanato) e o sector de extracção, que se baseia no elevado potencial de gravilha, areia e laterite e na sua exploração.

III.1.1.2.2. Actividades económicas do sector secundário

Os resultados obtidos mostram a presença efectiva de actividades comerciais ao longo do troço. Uma elevada proporção de 100% dos mercados foi encontrada em cada zona que agrupa as aldeias do troço, em comparação com 60% das lojas apenas na zona 2 e 44,40% dos matadouros nas zonas 2 e 4, respectivamente (Fig. 15).

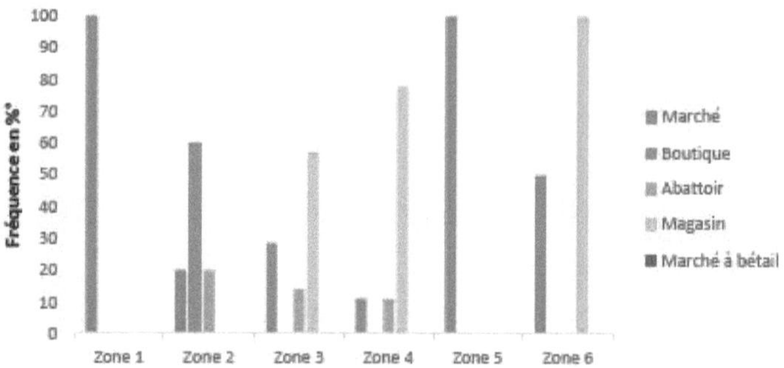

Legenda: zona 1: Ouro Tchede, Palar, Frolina, Wournde II; zona 2: Sekande, Mambang II, Mambang I, Mogordom; zona 3: Godola, Tchere, Sakvavar, Mikiri; zona 4 : Lalawai, Mokio, Moundouf, Dia, Ouro Barka; zona 5: Makalingai, Tala Bicher, Tindreme, Mouvarai; zona 6: Doubou I, Doubou II, Djamakia, Dargala, Seradoumda, Pont Sava, Mora

Fig.15. Distribuição de estruturas comerciais

III.1.1.2.3. Actividades económicas do sector terciário

Na área do projecto há muito poucas etapas estruturais. Os mercados existentes são de facto barracões, por vezes cobertos com um telhado feito de telhados ou tapetes. As áreas comerciais mais importantes são as do Pk 1+200 até ao cruzamento do Pará (Ouro Tchede) onde as cebolas são vendidas, e as lojas e negócios desenvolvidos em torno do cruzamento da Alfândega (ou Frolina) para satisfazer o serviço ou as necessidades alimentares dos muitos camionistas que fizeram disto um ponto de paragem estratégico. Em algumas aldeias, tais como Godola e Lalawai, por exemplo, são criados mercados em ëtabIes ou lojas situadas mesmo ao lado da estrada. Nas outras aldeias, realizam-se periodicamente mercados, há

também mercados ou zonas comerciais situadas à beira da estrada (Fig.16).

Fig. 16. Passos da linha (a e b- passo do cruzamento para; c- passo da aldeia Makalingai; d- passo da aldeia Lalawai)

III.1.1.3. Aspecto ambiental
III.1.1.3.1. Solos

Dois tipos de solos dominam a área de estudo: solos argilo-argilosos ricos em depósitos aluviais ao longo dos cursos de água favoráveis ao algodão, sorgo, mandioca e batata-doce, e solos argilo-arenosos com baixa permeabilidade favorável ao sorgo e amendoim. As características geotécnicas destes solos tornam difícil a criação de desvios funcionais durante o período de construção em tempo de chuva. Estes solos hidromórficos, permanentemente inundados, são favoráveis a culturas fora de época como o mouskwari (sorgo) (Fig.17).

Fig. 17: Natureza dos solos encontrados na área de estudo (a e c: solo argilo-argiloso; b: solo argilo-arenoso).
solo argiloso arenoso).

III.1.1.3.2. Rede hidrográfica

A área de estudo atravessa vários cursos de água sazonais ainda appelë Mayos que secam completamente na estação seca. Não foram identificados riachos permanentes, o que sugere dificuldades no fornecimento de água tanto às pessoas como ao gado durante a longa estação seca.

III.1.1.3.3. Vegetação

As formações vegetais que cobrem a área de estudo podem ser adequadamente rotuladas como "estepe arbustiva" com *Acacia Senegal* e *Balanites aegyptiaca*. Por vezes, em solos arenosos, desenvolvem-se stands de *Aristida spp, Boscia senegalensis e Hyphaena thebaica*. *Acacia nilotica, Balanites aegyptiaca e Zizyphus mauritiana* são comuns perto dos cursos de água. O excesso da capacidade de carga do gado é um dos parâmetros mais explicativos para a degradação da cobertura vegetal que pode ser vista até onde os olhos podem ver (Quadro I).

A vegetação directa na estrada à direita não é, em rigor, uma vegetação natural. Consiste em árvores de reflorestamento, a maioria das quais são espécies exóticas plantadas para sombra. *O Nimier ou Azadirachta indica* é a espécie mais representada. Um inventário das árvores dentro dos 40m do direito de passagem do projecto identificou quase 3398 árvores que poderiam ser abatidas para o alargamento da plataforma se não fossem implementadas medidas de precaução, incluindo um plano de tráfego do local que especifica claramente o percurso das rotas de desvio.

Quadro II. Árvores na área de estudo.

N°	Espécie	Número de plântulas	Número de indivíduos adultos	Total
1	*Azadirachta indica* (Neem)	220	2811	3031
2	*Acacia sp*	-	88	88
3	*Faiderbia albida*	-	233	233
4	*Ziziphus sp*	-	26	26
5	*Eucalipto sp*	-	04	04
6	*Combretum sp*	-	02	02
7	*Dalbergia sisoo*	-	01	01
8	Outros	-	13	13
				3398

III.1.1.4.SDGs na área do projecto

III.1.1.4.1. Os SDGs em relação às necessidades das pessoas

Após os inquéritos e entrevistas com as populações, foi seleccionado um total de 17 doteances. A zona 1 tinha 8, enquanto que as zonas 2 a 6 tinham um total de 9. Todos estes doteances estavam directamente relacionados com os SDGs. Os GDS abrangidos por estes doteances foram 3, 4, 6, 7, 8 e 13 (Quadro II).

Quadro III. Concordância entre as doleances e os SDG

Legenda: zona 1: Ouro Tchede, Palar, Frolina, Woumde II; zona 2: Sekande, Mambang II, Mambang I, Mogordom; zona 3: Godola, Tchere, Sakvavar, Mikiri; zona 4 : Lalawai, Mokio, Moundouf, Dia, Ouro Barka; zona 5: Makalingai, Tala Bicher, Tindreme, Mouvarai; zona 6: Doubou I, Doubou II, Djamakia, Dargala, Seradoumda, Pont Sava, Mora

Zonas	Doleances	SDO's em relação a doleances
Zona 1 Urbana	- construção de escolas ;	n° 4- educação de qualidade
	- desenvolvimento de furos de sondagem ;	n° 6- água potável e saneamento
	- electrificação rural	7- Utilização de energias renováveis
	- recrutamento de mão-de-obra local para empregos não qualificados; - a construção de locais para caminhar, - construção de cabanas comunitárias ;	8- trabalho decente e crescimento económico
	- . construção de instalações desportivas ;	n° 13- medidas para combater as alterações climáticas
Zona 2 a 6 Rural	- electrificação de aldeias,	7- Utilização de energias renováveis
	- desenvolvimento de furos de sondagem ;	n° 6- água potável e saneamento
	- melhorias no controlo de inundações	n° 13- medidas para combater as alterações climáticas
	- construção de escolas ;	n° 4- educação de qualidade
	- construção de hospitais; - construção de matadouros ;	n° 3- boa saúde e bem-estar
	- construção de armazéns para armazenamento. - a construção de locais de mercado; - recrutamento de mão-de-obra local para empregos não qualificados; - construção de cabanas comunitárias ;	8- trabalho decente e crescimento económico

III.1.1.4.2. Contribuição do projecto para a realização dos ODS na área de influência

O projecto visa proporcionar várias medidas de compensação ambiental e social, das quais existem 14. Estas medidas estão directamente relacionadas com certos objectivos de desenvolvimento sustentável. O estudo identifica 6 SDGs, nomeadamente SDGs 2, 3, 4, 5, 6 e 13 (Quadro III).

Quadro IV. Medidas ambientais e sociais do projecto em relação ao Lëgende SDG: zona 1: Ouro Tchede, Palar, Frolina, Wournde II; zona 2: Sekande, Mambang II, Mambang I, Mogordom; zona 3 : Godola, Tchere, Sakvavar, Mikiri; zona 4: Lalawai, Mokio, Moundouf, Dia, Ouro Barka; zona 5: Makalingai, Tala Bicher, Tindreme, Mouvarai; zona 6: Doubou I, Doubou II, Djamakia, Dargala, Seradoumda, Pont Sava, Mora

Zonas	Medidas de compensação ambiental e social	SDGs com entrada de projecto
Zona 1 a Zona 6	- lajes para secagem de produtos agrícolas: 48 unidades	- ODM 2: Luta contra a fome
	informação e Sensibilização para as DST/AIDS;	- ODM 3: Boa saúde e bem-estar
	- construção de salas de aula: 24 unidades - construção de escritórios de gestão: 12 unidades - construção de latrinas nas escolas: 24 unidades - paredes de protecção do pátio da escola - fornecimento de mesas de bancada: 720 unidades - fornecimento de carteiras de professores escolares: 24 unidades	ODM 4: educação de qualidade
	- Sensibilização para a violência baseada no género	- ODM 5: Igualdade de género,
	- construção de furos de água potável: 24 unidades	- ODM 6: Garantir o acesso de todos à água e ao saneamento
	- Recrutamento de mão-de-obra local	- ODM 8: trabalho decente e crescimento económico
	- Plantação de árvores	- ODM 13: Combater as alterações climáticas

111.1.2.   **Avaliação da conformidade do ESMP com os SDG**

a)   **Avaliação do PMSE de acordo com o GP/ESP do Banco Mundial**

O objectivo aqui é avaliar o nível de implementação das normas ambientais e sociais e os indicadores recomendados no implementação do plano de gestão ambiental e social do projecto.

Tabela V. Avaliação do PMSE de acordo com o NES do Banco Mundial

Fases do projecto	Actividades do projecto	Ambientes impactados	Impactos	Medidas	Indicador de projecto	NES (normas ambientais e sociais)	Indicadores sustentáveis que integram a realização do ODD	Observação	Percentagem de implementaç ão trabalho
Preparação	Instalações do sítio	Física (solo e água)	Poluição da água e do solo por resíduos sólidos e líquidos	Armazenar óleo usado, óleo de oleaginosas e filtros de óleo, gorduras e outros poluentes perigosos em recipientes estanques (tais como tambores) e armazená-los num local seguro até serem recuperados por um operador autorizado.	- Resultados da análise da água	NES No. 3: Eficiência dos recursos e prevenção e gestão da poluição	a preservação da Qualidade de Vida Documento do plano de comunicação e sensibilização	Contrato para a recuperação de poluentes negociado com um operador aprovado.	20%
	Produção de resíduos em instalações de construção	Física (solo e água)	Gestão inapropriada dos resíduos nas instalações do site	Colocar os contentores de lixo em locais apropriados e informar todos sobre os requisitos de triagem	número de contentores de recolha de resíduos presentes			Presença de contentores de recolha de resíduos	50%

Construção	Instalações do sítio	Física (solo e água)	Poluição da água e do solo por resíduos sólidos e líquidos	Betão e impermeabilização de todas as áreas para lavagem de maquinaria, manuseamento e armazenamento de petróleo e hidrocarbonetos.	Presença de áreas de despejo aprovadas,	NES No. 3: Eficiência dos recursos e prevenção e gestão de poluição	a preservação da Qualidade de Vida	Falta de áreas de lavagem e manutenção conformes	20%
	Manutenção, lavagem e reparações diversas da maquinaria do sítio		Poluição do solo por hidrocarbonetos durante obras de construção	Efectuar serviços de manutenção, reabastecimento e avarias para camiões e pequenos veículos de construção em áreas adequadas	Frequência da manutenção de veículos e máquinas	NES No. 3: Eficiência dos recursos e prevenção e gestão da poluição	a preservação da Qualidade de Vida	As obras de construção não causam qualquer poluição significativa do solo ou da água Todos os incómodos de ruído e poeira são consideravelmente reduzidos.	50%
	Terraplanagens, transporte de vários materiais, construção de estruturas, asfaltagem	Física (solo e água) Física (ar)	Poluição atmosférica por emissões de gases, partículas de poeira e aumento do tráfego	-Redução de pistas em tempo seco -Instalar redutores de velocidade nas passagens de aldeia e em locais sensíveis. -Instalar sinais indicando um limite de velocidade de 30km/h.	Frequência da rega				
	Terraplanagens, transporte de vários materiais, construção de estruturas, asfaltagem	Física (solo)	Degradação do solo durante a construção	Despojamento do solo superficial, recuperação e armazenamento para reutilização (relvamento de aterros, etc.).	- Superfície de encosta protegida - Volume de terras reutilizadas pelos agricultores	SEN 6: Preservação da biodiversidade e gestão sustentável dos recursos biológicos naturais	Protecção da estrutura do solo	Os riscos de degradação do solo e da água durante a construção são minimizados.	40 %

Pedreiras de rocha dura	Humano (saúde e segurança)	Riscos para a saúde e segurança do pessoal	Distribuir EPI aos empregados e assegurar-se de que é usado.	número e qualidade das sessões de formação sobre o usando EPI.	SEN Nº 4, Saúde e Segurança da População	Salvaguardar a integridade física dos trabalhadores e utilizadores	Os riscos inerentes à extracção de rochas duras são minimizado. 40 %
Pedreiras de rocha dura	Humano (saúde e segurança)	Riscos para a saúde e segurança do pessoal	Rega regular das estradas de acesso, rampas de trituração/perfilagem/moagem e materiais armazenados	Frequência da rega	NES No. 3: Eficiência dos recursos e prevenção e gestão de poluição	a preservação da Qualidade de Vida	Os trabalhadores estão protegidos contra estes riscos. 20 %
Pedreiras de rocha dura	Humano (saúde)	Risco de propagação de doenças, incluindo DST/HIV/IDSA	Sensibilizar o pessoal do projecto e as populações locais para os riscos de infecção por DST/HIV/SIDA.	Número de sessões de sensibilização	SEN Nº 4, Saúde e Segurança da População	Redução do risco de propagação das DST/AIDS	Os riscos de transmissão de DST/HIV/AIDS são minimizados. 60 %
Terraplanagens, transporte de vários materiais,	Humano (Segurança)	Risco de acidentes para o pessoal e residentes locais	Fornecer sinalização adequada do local usando pictogramas, sinais e fita reflectora (sinalização de áreas de trabalho, sinais de perigo relevantes).	Número de acessos fornecidos; Número de reuniões de informação	SEN Nº 4, Saúde e Segurança da População	Salvaguardar a integridade física dos trabalhadores e utilizadores	O risco de acidentes no local é drasticamente reduzido. 50 %

construção de estruturas, asfaltamento	Humano (Segurança)	Risco de acidentes para o pessoal e residentes locais	Fornecer a todos os empregados (PPE) adequados aos requisitos específicos dos postos de trabalho.	número e qualidade das sessões de formação sobre o usando EPI.	SEN Nº 4, Saúde e Segurança da População	Salvaguardar a integridade física dos trabalhadores e utilizadores		30 %
Terraplanagens, transporte de vários materiais,	Humano (Paz social)	Risco de acidentes para o pessoal e residentes locais Risco de conflito	Recrutar a mão-de-obra como uma prioridade mão-de-obra local	Número de casos de acidentes registados,	O NES No. 2, Emprego e condições de trabalho	Implementar o projecto sem perturbar a ordem social	Facilitar o acesso ao emprego para as pessoas que vivem perto do projecto	20 %
construção de estruturas, asfaltamento	Humano (Paz social)	Potencial de conflito	Educar e sensibilizar os residentes locais, os empregados das empresas e o público em geral para a necessidade de respeitar mútuo	Número de conflitos reportados	SEN Nº 4, Saúde e Segurança da População	Implementar o projecto sem perturbar a ordem social	Os conflitos sociais são minimizados entre empregados e populações residentes locais	10 %

b) Avaliação do nível de implementação dos indicadores do PMSE

A execução dos trabalhos de reabilitação teve início nos primeiros 10 km da zona 2. Os impactos seleccionados são os mais redundantes uma vez que se repetem quase 70% nas fases do projecto.

Quadro VI. Nível de implementação dos indicadores de avaliação do PMSE

Ldgende: zona 1: Ouro Tchede, Palar, Frolina, Wournde II; zona 2: Sekande, Mambang II, Mambang I, Mogordom; zona 3:

Godola, Tchere, Sakvavar, Mikiri; zona 4: Lalawai, Mokio, Moundouf, Dia, Ouro Barka; zona 5:

Makalingai, Tala Bicher, Tindreme, Mouvarai; Zona 6: Doubou I, Doubou II, Djamakia, Dargala, Seradoumda, Pont Sava, Mora.

Fase do projecto	Impactos	Medidas	Indicadores MINEPDED (%)	Indicadores do Banco Mundial	Comentários
Preparação	- Poluição do solo por óleos residuais e hidrocarbonetos durante a manutenção das máquinas	- Betão e impermeabilização de todas as áreas de lavagem de máquinas, manuseamento e armazenamento de óleo e hidrocarbonetos -. Armazenar óleo usado, filtros de óleo, gorduras e outros poluentes perigosos em recipientes selados (como fflt) e armazená-los num local seguro até serem recolhidos por um operador autorizado (BOCOM)	20%	10%	Não havia área de lavagem de equipamento e não havia tanque de retenção de óleo.
	Gestão inapropriada dos resíduos nas instalações de construção	Colocar os contentores de lixo em locais apropriados e informar todos sobre os requisitos de triagem	70%	60%	Fornecimento de contentores de recolha de resíduos em conformidade com as medidas prescritas no PMSE.

Fase do projecto	Impactos	Medidas	Indicadores MINEPDED (%)	Indicadores do Banco Mundial	Comentários
Construção	- poluição do ar, riscos de acidentes	- Rega nas proximidades das obras e na travessia das aldeias. Obrigatório o uso de máscaras. Substituir os elementos filtrantes das máquinas. Colocar no lugar lombas de velocidade.	50%	50%	A rega nem sempre foi eficaz, pois o MDC tinha de ser verificado regularmente para garantir que era feito.
	- Risco de acidentes para o pessoal e residentes locais	- Colocar sinalização adequada para o local de trabalho através de pictogramas, sinalização e faixas reflectoras (sinalização de zonas de trabalho, sinalização pertinente de perigos, etc.). -Proporcionar a todos os empregados Equipamento de Protecção Individual (EPI) adequado aos requisitos específicos do trabalho.	40%	30%	O risco de acidentes relacionados com o estaleiro de construção não é drasticamente reduzido.

c) Avaliação das medidas relacionadas com o projecto em relação aos ODS

As medidas relacionadas com o projecto tiveram em conta algumas das necessidades da população que são relevantes para os ODS.

Quadro VII. Avaliação de medidas relacionadas com os projectos em relação aos ODS

Legenda: Zona 1: Ouro Tchede, Palar, Frolina, Wournde II; Zona 2: Sekande, Mambang II, Mambang I, Mogordom; zona 3: Godola, Tchere, Sakvavar, Mikiri; zona 4: Lalawai, Mokio, Moundouf, Dia, Ouro Barka; zona 5: Makalingai, Tala Bicher, Tindreme, Mouvarai; zona 6: Doubou I, Doubou II, Djamakia, Dargala, Seradoumda, Ponte Sava, Mora.

áreas	ressentimentos	SDGs envolvidos	Medidas de projecto relacionadas	SDGs afectados	Nível de consideração dos SDG	comentários
	- desenvolvimento de furos de sondagem	- ODM 6: Água potável e saneamento	- construção de poços de água bebida: 24 unidades	- ODM 6: Garantir o acesso de todos à água e ao saneamento e uma gestão sustentável da água recursos hídricos	100 %	Serão construídos novos furos de forma equitativa e os furos existentes serão defeituosos será reabilitado
Zona 1 a Zona 6	- construção de hospitais - construção de matadouros	- MDGS 3: boa saúde e bem-estar	- Campanha de informação e educação Sensibilização para as DST/AIDS; - lajes para secagem de produtos agrícolas: 48 unidades - Sensibilização para a violência baseada no género	ODM 3: Acesso à saúde, capacitando as pessoas para levarem vidas saudáveis e promovendo o bem-estar de todos em todas as idades - ODM 5: Igualdade de género, alcançar a igualdade de género através da capacitação de mulheres e raparigas raparigas	70 %	- Os funcionários foram sensibilizados contra as DST, mas nem todos os sectores da população foram sensibilizados devido à alfândega. - os meios de conservação dos alimentos estão em vigor

construção de escolas	- ODM 4: Educação de qualidade	- construção de salas de aula: 24 unidades - construção de escritórios de gestão: 12 unidades - construção de latrinas nas escolas: 24 unidades - paredes de protecção dos pátios escola - fornecimento de mesas de bancada: 720 unidades - fornecimento de balcões para professores de escolas: 24 unidades	- ODM 4: Educação de qualidade, assegurando uma educação de qualidade inclusiva e equitativa e promovendo oportunidades de aprendizagem ao longo da vida para todos	100 %	serão construídas modernas instalações escolares nas aldeias da zona de estudo
- electrificação rural	- ODM 7: Utilização de energias renováveis	CLEAR	CLEAR	0 %	Aspectos de queixas não abordados pelo projecto
- Gestão de drenagem para controlo de cheias ;	- ODM 13: Combater as alterações climáticas	- Plantação de árvores - construção de esgotos - o desenho da própria estrada	- ODM 13: Combater as alterações climáticas - SDG 9: Indústria, inovação e infra-estruturas	100 %	Aspecto das queixas abordadas pelo projecto.
- recrutamento de mão-de-obra local para empregos não qualificados;	ODM 8: Trabalho decente e crescimento económico	Recrutamento de mão-de-obra local	- ODD 8 : trabalho trabalho e crescimento económico - ODM 10: Reduzir a desigualdade	20 %	- As necessidades actuais do projecto apenas permitiram o recrutamento de uma pequena proporção da mão-de-obra local. - As mulheres são em grande parte

- a construção de locais de mercado, - construção de armazéns para armazenamento	SDG 9: Indústria, inovação e infra-estruturas	CLEAR	CLEAR	0 %	. Aspectos de queixas não abordados pelo projecto
CLEAR	CLEAR	a construção d e um portagem - a construção d e um pesagem	SDG 9: Indústria, inovação e infra-estruturas	100 %	O projecto planeou fazer isto durante os trabalhos

III.1.3. Medidas para integrar a abordagem de Desenvolvimento Sustentável no projecto rodoviário Maroua-Mora

As medidas de integração propostas dizem respeito aos aspectos ambientais, económicos e sociais, que não foram 100% satisfeitos pelo projecto.

Quadro VIII. Medidas para integrar a abordagem do Desenvolvimento Sustentável no âmbito de projectos estruturantes

Aspectos de Desenvolvimento Sustentável	SDGs / Medidas		Indicadores (Banco Mundial/ODD)	MDV	Chefe da SDO		Data limite	Localização	Custo
					Interno	externo			
social	ODD3: boa saúde e bem-estar	- Campanha de informação e sensibilização para as DST/SIDA ;	Prevalência do VIH/SIDA entre os trabalhadores da construção civil (públicos e privados)[0] o locais de construção onde são realizadas actividades de sensibilização para as DST/HIV/SIDA	Relatório de sensibilização das empresas e do hospital central	SOTCOTCOG	MINTP-MDC MINSANTE	12 meses	Maroua	25 000 000 frs
	ODM 8: trabalho decente e crescimento económico	recrutamento de mão-de-obra local para empregos não qualificados	Proporção de jovens (15-24 anos) não escolarizados e não empregados ou em formação	Lista do pessoal da empresa	SOTCOTCOG	MINTP-MDC	12 meses	Maroua	60 000 000 frs

	ODM 5: Igualdade de género.	Sensibilização para a violência baseada no género	Proporção de mulheres e homens que são vítimas de violência dentro da empresa	Relatório das populações dirigido à empresa RIDEV	SOTCOTCOG	MINTP-MDC	12 meses	Maroua	25 000 000 frs
ambiente	ODM7: Utilização de energias renováveis	electrificação rural	Proporção da população com acesso à electricidade	Visitas de campo Verificações visuais	SOTCOTCOG	MINTP-MDC	12 meses	Maroua	120 000 000 frs
económico	ODM9: Indústria, inovação e infra-estruturas	- a construção de locais para caminhar. - instalações de armazenamento	número de espaços para a construção de degraus	Relatório SCI	SOTCOTCOG	MINTP-MDC	12 meses	Maroua	24 000 000 frs
Custo total				Duzentos milhões de francos CFA					**254 000 000 frs**

III.2 Discussão

O objectivo дёпёгal deste trabalho era reavaliar os aspectos ambientais e sociais com vista a alcançar os objectivos de desenvolvimento sustentável no projecto de reabilitação da estrada nacional N°1, Trongon Maroua- Mora. O estudo mostrou que as instalações de saúde mais representadas (FOSA) ao longo da área do projecto são os centros de saúde integrados (CSI) (89,39%), o que está de acordo com o trabalho da Ndengue (2011). O autor mostrou que nas zonas rurais do Extremo Norte dos Camarões, os IHC eram os únicos presentes como estabelecimentos de saúde. Além disso, notou uma falta de pessoal qualificado e de produtos farmacêuticos de qualidade nestes IHC. O sector da educação está representado na área de estudo através das escolas, mas a qualidade das infra-estruturas continua a ser fraca. Apesar do número de escolas, a taxa de matrículas continua a ser muito baixa. Isto está de acordo com o trabalho da Ndengue (2011). O autor mostrou que existem escolas com baixas taxas de matrículas. Para tal, observou que o trabalho de sensibilização sobre os benefícios da educação deveria ser feito. I.Y'tude mostrou a presença de dois tipos de solos ricos em aluvião e favoráveis às práticas agrícolas, isto está de acordo com o trabalho de Chidanne (2012). Mostrou que os solos têm formas pedológicas: solos arenosos nas planícies; solos sedosos ricos em aluvião ao longo dos rios e solos argilosos adequados para a agricultura.

Os resultados na área do projecto mostraram que existe uma concordância entre as necessidades das populações e os ODS. De facto, as necessidades da população na área de estudo estavam principalmente relacionadas com a construção de escolas, a melhoria dos furos, o emprego e o controlo de inundações. Isto revela-se semelhante aos objectivos específicos do projecto. Estes resultados são semelhantes aos de Tolojanahary (2012) que trabalhou no estudo dos impactos ambientais das obras do rn9 sobre a floresta Mikea em amënagement. Segundo o autor, o plano social do projecto incluía o recrutamento de um número máximo de trabalhadores com formação técnica, abastecimento de água potável (para a comuna), a construção e o equipamento de 4 salas de aula. Além disso, a distribuição de equipamento agrícola às mulheres e a melhoria de algumas pistas rurais foram planeadas.

A avaliação da conformidade da ESMP com os SDG mostrou que todas as medidas prescritas para os impactos mais redundantes foram tidas em conta pela empresa SOTCOTCOG. Contudo, existe um problema de desfasamento temporal entre a sua implementação e a fase de execução do projecto. Isto poderia ser explicado pelo facto de o período do estudo corresponder ao início efectivo dos trabalhos de reabilitação nos primeiros 10 km do trongon. O estudo também mostrou um défice nas medidas do projecto relacionadas com as necessidades da população e em relação à realização de algumas ODS na área do estudo, nomeadamente boa saúde e bem-estar, igualdade de género, energia renovável, trabalho decente e crescimento económico, indústria, inovação e infra-estruturas. Isto poderia ser explicado pelo facto de na concepção dos projectos e na política de gestão ambiental e social da empresa, o aspecto SD nos projectos rodoviários implementados ainda não ter sido claramente desenvolvido. Resultados semelhantes foram relatados por Ilouga (2015) trabalhando na avaliação do nível de aplicação das normas e regulamentos ambientais em projectos realizados em três grandes troços rodoviários nas regiões Centro e Leste. Segundo o autor, apesar dos estudos ambientais realizados antes de cada projecto, existe uma certa leviandade relativamente ao nível de regulamentação a ser assegurado pela empresa responsável pelo projecto. A construção de uma estrada é crucial para o desenvolvimento e por isso as estratégias devem ser aplicadas na concepção de projectos rodoviários.

O plano de acção proposto para uma melhor integração da abordagem do desenvolvimento sustentável mostrou que o aspecto em que as medidas estavam mais centradas era o campo social, com uma proporção de 50% das medidas. Isto poderia ser explicado pelo facto de que em projectos de grande escala, o aspecto social deveria estar no centro das prioridades para uma melhor integração da abordagem do desenvolvimento sustentável. Esta análise não corrobora a de Yoni (2009) que trabalha sobre o papel das avaliações de impacto ambiental e social em projectos rodoviários para o desenvolvimento sustentável. Segundo o autor, a abordagem do desenvolvimento sustentável na construção de estradas baseia-se essencialmente na consideração dos aspectos ambientais.

CAPÍTULO IV

CONCLUSÃO, RECOMENDAÇÕES E PERSPECTIVAS

IV.1 Conclusão

O dëmarche dëveloppement durable dans la construction roийёre é essencialmente baseado na consideração dos aspectos ambientais e sociais. De facto, a realização de um projecto estruturante sustentável deve basear-se numa tecnologia viável à qual se associe equidade social, rentabilidade económica e, finalmente, integridade ecológica para benefício das gerações futuras. É neste contexto que o trabalho de investigação consistiu em avaliar a consideração dos pilares do desenvolvimento sustentável no projecto de reabilitação da Estrada Nacional nº 1, Trongon Maroua-Mora.

O objectivo era realizar visitas de campo para realizar inquéritos com a população local e observações directas durante as obras. Foram realizadas entrevistas com pessoas de recurso da empresa SOTCOCOG, chefes de aldeia na área do projecto, e funcionários regionais da MINEPDED e MINEE. Isto permitiu a clarificação das zonas cinzentas, a recolha de provas e os pontos de vista dos vários intervenientes.

Para alcançar os ODM neste estudo, os resultados mostram que deve ser feito um esforço, particularmente na esfera social: os estabelecimentos de saúde são principalmente representados por IHC (89,39%) com instalações e estruturas inadequadas, escolas primárias (80,05%) com instalações inadequadas, e educação, enquanto 97% da população obtém água de poços (quer tenham ou não sido amputados) e furos de sondagem. A componente económica revelou a presença de mercados com muito pouca estrutura e localizados, na sua maioria, na berma imediata da estrada. A análise do PMS mostrou que os indicadores identificados pelo projecto para os vários impactos seleccionados não estavam de acordo com os definidos pelo Banco Mundial para projectos rodoviários. A comparação entre as expectativas da população, as medidas associadas e as disposições para a realização dos ODS na área de estudo mostra que as medidas ambientais, sociais e económicas do projecto não são suficientemente tidas em conta, particularmente no que respeita aos ODS_0 3 (boa saúde e bem-estar), 5 (igualdade de género) e 7 (utilização de energias renováveis).

No final deste estudo, parece que ainda devem ser feitos vários esforços para alcançar os ODS, que se baseiam em certos indicadores e medidas. Estes devem ser tidos em conta na elaboração dos PEMS para os nossos futuros projectos estruturantes. Isto exigirá medidas e indicadores que integrem tanto os conceitos dos ODS como os requisitos dos doadores a serem incluídos em qualquer programa ou projecto futuro para o desenvolvimento sustentável.

IV.2 Recomendações

Para uma melhor consideração dos ODS em projectos de desenvolvimento, fazemos algumas recomendações ao governo, ao dono do projecto, ao empreiteiro e às empresas:

GOVERNO :

- Harmonizar as directrizes da MINEPDED com as Políticas Operacionais do Banco Mundial

MINTP :

- Conduzir uma reflexão global para harmonizar as medidas relacionadas em projectos de infra-estruturas com os ODS;

- realizar avaliações pós-implementaçâo do desempenho ambiental e social dos projectos, em conformidade com o MINEPDED e os indicadores dos doadores;

- criar uma janela de financiamento para programas e projectos locais resultantes da actualização dos DCP para os ODM

- aplicar as sanções previstas por lei em caso de incumprimento ambiental e social;

- O recrutamento dos ocupantes do local e da populaçâo em empregos deve ser monitorizado através dos indicadores do SDG;

- empregando mulheres em posições de liderança;

- Capacitar os Presidentes de Câmara e integrar as Comunas nas acções sociais planeadas pelo proprietário do projecto nos projectos;

- promover os próprios indicadores da MINEPDED em termos de ESIAs;

FINANCIADOR

- para ajudar o proprietário do projecto na melhor formulação das questões ambientais e sociais;

- Promover medidas e indicadores ESMP que se alinhem com as ODS da área do projecto;

EMPRESA

- Desenvolver RSEs consistentes com os SDGs;

- introduzir a consideração de planos de desenvolvimento comunitário na implementação do PMSE;

- para criar uma plataforma de intercâmbio entre os gestores de projecto e a população local;

- dar um apoio mais consistente às actividades socioeconómicas.

IV.3. Perspectivas

Outros estudos poderiam ser levados a cabo como continuação deste trabalho. Prevê-se que nas últimas 2 fases do projecto a inclusão dos indicadores prescritos pelos ODS no PEMS seja avaliada durante a implementação do projecto.

Além disso, este estudo poderia ser alargado a todos os projectos de infra-estruturas, a fim de desenvolver um plano de acção comum.

BIBLIOGRAFIA

Anónimo, 2009. Visão camaronesa 2035, 65 p.

Anónimo, 2010. Rapport de présentation des résultats definitifs, Bureau Central des Recensements et des Etudes de Population, Yaounde (Camarões), 68 p.

Anónimo, 2014. Avaliação do Impacto Ambiental e Social do Projecto de Reabilitação da Estrada de Maroua Mora (60 km de comprimento) na Região do Extremo-Norte, *Egis Camarões*, 79 p.

Anónimo, 2014. Avaliação do Impacto Ambiental e Social do Projecto de Construção da Auto-Estrada Yaounde-Douala, Camarões, *China primeira empresa de engenharia rodoviária limitada (cfhec)*, 79 pp.

Anónimo, 2015. Camarões: Nota do Sector dos Transportes, Banco Africano de Desenvolvimento, 42 p.

Anónimo, 2016. Estudo de impacto ambiental e social do projecto de construção do centro hospitalar regional especializado de Maroua e das habitações sociais associadas, *Gimerc Sarl*, 144 p.

Anónimo, 2016. Plano de desenvolvimento comunitário da comuna distrital de Maroua 2eme, Maroua, Extreme-Nord - Camarões, 239 p.

Anónimo, 2017. Fonds Routier Cameroun: Nomenclature routiere, 60 p.

Bawou M., 2015. Enjeux de développement et de conservation dans la reserve de biosphere du dja : importance, specificite et couts de realisation d'une etude d'impact environnementale et sociale, dissertação apresentada para a atribuição de um mestrado em ciências ambientais, Universidade de Yaounde I, Camarões 60 p.

Brochard D. L., 2011. Le developpement durable : enjeux de definition et de mesurabilité, Memoir presented as a partial requirement for the master's degree in political science, Université du Québec a Montreal, Canada, 103 p.

Caron P., Chataigner J. M., 2017. Un defi pour la planète: Les objectifs de développement durable en débatat, Amazon France, 466 p.

Chidanne Abel, 2012. Influence du proprietaire et rôle de la femme dans les mouvements saisonniers du bétail dans la plaine d'inondation du Logone (extreme-nord du Cameroun), Memoire present en vue de l'obtention d'un diplôme d'Ingenieur Agronome (Option: Economie et Sociologie), Faculte d'agronomie et des sciences agricoles, Universite de Dschang- Cameroun, 80 p.

Emma C., 2013. Developpement durable : adopter une demarche environnementale sur un chantier de rehabilitation, Memoire present en vue de l'obtention d'un diplôme d'ingenieur en Genie civil, INSA Estrasburgo, França, 53 p.

Esteve M., 2011. *Understanding project planning*, Innovaxion, Amazon France, 121 p.

Fomou N. G., 2013. Avaliação da gestão de duas florestas comunitárias ASDEBYM e CODECBOM (Camarões Oriental) no que respeita ao regulamento FLEGT, dissertação apresentada para a atribuição de um mestrado em ciências ambientais, Universidade de Yaounde I (Camarões) pp.1-8

Haman S., 2012. Etude d'impacts socio-economiques et environnementaux des travaux de construction du deuxieme pont sur le Wouri, Memoire de Master Professionnel en Sciences de l'Environnement, Universite de Yaounde I, Camarões, 55 p.

Ilouga, 2015. Evaluation du niveau d'application des normes et la regiementation environnementale des projets realizises sur trois grands troncons routiers des régions du Centre et l'Est, memoire present en vue de l'obtention d'un master en science de l'environnement, Universite de Yaounde I, Cameroun 66 p

Laborieux E., 2008. Les problemes du développement de l'environnement, dissertação apresentada para um mestrado em economia e gestão, Université des Antilles et de la Guyane, 39 p.

Lois Jensen, 2017. Relatório sobre os Objectivos de Desenvolvimento Sustentável, Departamento de Assuntos Económicos e Sociais, Nações Unidas, 64 pp.

Manga W. V., 2012. Etude d'une nouvelle voie de desenclavement devant faciliter l'installation des infrastructures publiques dans la peripherie de la ville de Mbuji Mayi en RDC, Memoire present en vue de l'obtention du master d'Ingenieur technicien geometre topographe, Institut national du batiment et des travaux publics, RDC, 119 p.

Mannaerts D., 2010. Le developpement durable, Guide d'utilisation de l'affiche, Cultures et Sante, Bruxelas, Bélgica, 12 p.

Mendouga A. V., 2013. Analyse des impacts environnementaux et sociaux du projet de construction de 1300 logements sociaux a Olembe dans sa phase d'exploitation, Memoire de Master Professionnel en Sciences de l'Environnement, Universite de Yaounde I, Camarões, 48 p.

Ndengue Laurent Parfait, 2011. Papel do capital social na apropriação pela comunidade de um projecto de desenvolvimento rural no extremo norte, Camarões, Memorando apresentado para a atribuição do Mestrado em Desenvolvimento e Gestão de Projectos, Universidade Católica da África Central, 86 p.

Ndetahakem K. C., 2013. Influence d'une Construction Routiere sur les Ressources Fauniques autour d'une Aire Protegee : Cas de la Route Ebolowa - Akom II - Kribi le long du Parc National de Campo Ma'an, Memoire de Master Professionnel en Sciences de l'Environnement, Universite de Yaounde I, Camarões, 63 p.

Nsabimana J. B., 2016. Developpement durable comme fondement des generations futures : cas de la préservation du lac Tanganyika, Memoire present en vue de l'obtention du master en Developpement Durable et environnemental, Madison International Institute and Business School, Tanzanie, 59 p.

Sitcheu W. S.G., 2017. Análise da cadeia de valor dos produtos florestais não lenhosos e desenvolvimento sustentável nos departamentos de Diamare, Mayo-Kani, Mayo-Danay: o caso de Neem e caju, Institut Superieur du Sahel da Universidade de Maroua, Camarões, 64 p.

Sorokine I., 2008. Evaluation de l'impact environnemental : le rôle des outils de gestion, Memoire present en vue de l'obtention du master en gestion/finance, Ecole Superieure des Sciences Commerciales d'Angers, França, 60 p.

Soumaila L., 2011. Contribution a l'audit environnemental et social du projet participatif et dëcentralisë de sëcuritë alimentaire dans les communes rurales de Birnin Lalle et Ajekoria, Mëmoire prësentë en vue de l'obtention du Diplome d'Inspecteur des Eaux et Forets, Ecole

Nationale des Eaux et Forets (Dakoro/Maradi/Republique du Niger), 81 p.

Tabopda W. G. e Fotsing J-M., 2010. Quantificação de vëgëtal cobre revolução na reserva йм^Eёre de Laf-Madjam no norte dos Camarões por sensoriamento remoto por satélite, Science et changements planetaires / Secheresse; 21(3): 169-178.

Tolojanahary Josoa, 2012. etude des impacts environnementaux des travaux d'amenagement de la Route nationale 9 sur la foret Mikea, memoire present en vue de l'obtention du diplome d'etudes superieures specialisees en etudes impacts environnementaux, université d'Antananarivo (Madagáscar), 83 p.

Yelkouni M., Duclaux-Monteil Ott C., Mongo M., Ouedraogo P., Tchapga F., Pouge L., 2018. Developpement Durable : comprendre et analyser des enjeux et des actions du développement durable, *Institut de la Francophonie pour le developpement durable (IFDD)*, 104 p.

Yoni E., 2009. Estradas e desenvolvimento sustentável, papel da avaliação do impacto ambiental. Cas du programme sectoriel des transports PST- 2 du Burkina Faso, Memoir submitted for the Master's degree in development: speciality environmental management, Senghor University of Alexandria (Egipto), 61 p.

Youandeu D. E., 2011. Projet structurant et impacts environnementaux et sociaux : Cas du projet d'energie de Kribi/ Centrale a gaz de 216MW et ligne de transport de 225Kv, Memoire present en vue de l'obtention du master II professionnel en gouvernance et developpement economique, Universite de Yaounde II, Cameroun, 93 p

ANEXOS

Anexo 1. Formulário de Inquérito ao Pessoal Administrativo

CAMPO: CIÊNCIAS AMBIENTAIS

Opção: Saneamento e Restauração Ambiental

QUESTIONÁRIO DE INVESTIGAÇÃO

De acordo com a Lei n.º 91/1023 de 16 de Dezembro de 1991 sobre a regulamentação dos censos e inquéritos estatísticos, as informações recolhidas durante este inquérito são estritamente confidenciais e não podem ser utilizadas para qualquer fim de controlo económico ou de repressão.

Nome do investigador :

1. Sexo: masculino □ feminino
2. Faixa etária: < 18 anos □ 18-23 anos Ш 24-29 anos □ 30-35 anossa > 36 anos i i
3. Estado civil : casado o solteiro i i divorciado (e) i viúvo i viúvo o
4. actividade principal fonte de rendimento? agricultura-i comerciante o artesão o caçador O funcionário público o pescador o agricultor o outro :

Secção 1: conhecimento do projecto

5. Conhece o projecto de reabilitação de estradas Maroua-Mora? sim1=1   não 1=1
6. já ouviu falar da sua ESIA (avaliação do impacto ambiental e social)? sim i i i não o
7. Participou nas reuniões de consulta/ audições públicas do estudo? sim o não o
8. Se sim, quais eram as suas expectativas? electricidade o escola o ponte do centro de saúde o apoio à agricultura o abertura da pista de aterragem de matadouros comunitários barracão de recrutamento de abastecimento de água para comércio outro: o

Secção 2: componente social

9. O projecto trouxe novas infra-estruturas sociais à sua aldeia? nenhuma □ escola o ponto de água O infra-estrutura sanitária O cabana comunitária Ш barracão □ abertura de estrada O outra : _____
10. O projecto afectou a sua propriedade? nenhum ш terreno em pousio o terreno cultivado o habitação o ponto de água o árvores de fruto o túmulos o lugares sagrados i i outros :

11. foi compensado? sim □ não o
12. Em caso afirmativo, como? natureza □ espécies O outras : □
13. Está satisfeito com a sua compensação? sim □ não o
14. já fez alguma queixa sobre o projecto? sim o não o

15. se sim, por que razão? Destruição de culturas o Exploração de recursos naturais o Mau uso da terra O Perturbação o Violação de costumes e tradições | | Danos causados por minas Outros :

16. Existe algum mecanismo de gestão de crises na aldeia? sim o   não o
17. Em caso afirmativo, quais (tradicionais, justiça, outros)
18. São geridos de forma satisfatória? sim □ não O
19. Como é que comunica as suas queixas? verbalmente | por escrito i i   outros :

20. O projecto vai ao encontro das suas expectativas? sim □ não o
21. Está ciente do procedimento de emprego na empresa que executa o trabalho Sim Ш noa
22. Tem conhecimento de algum jovem que tenha sido contratado através do projecto? Sim □ Não |-i
23. como avalia a relação entre os empregados da empresa que vivem na aldeia e a população de acolhimento? menos sociável o sociável eu muito sociável □

Secção 3: Componente cultural

24. Que costumes e práticas da aldeia foram afectados pelo projecto? nenhuma Delinquência V Banditismo |-i Fumar |-|-| Prostituição □ Drogas |-_|Divórcio Outros :

25.   Há alguns sítios culturais na aldeia? nenhum □   Lugares
lugares sagrados □ santuários o grutas o relíquias/sepultui cursos de água objectos de arte de plantas medicinais □ outros :
26. Estes sítios foram afectados pelo projecto? Sim □ Não □
27. Que medidas foram tomadas? nenhuma |_compensações |-| pendente □ outra :
28. Está satisfeito com estas medidas? não muito satisfeito □ satisfeito i-i bem satisfeito □
29. O projecto teve impacto na sua cultura? sim |_não □
30. Se sim qual: línguas o ritesO danças tradicionais |_religião o custom o outros :

Secção 4: Componente económica

31. O projecto facilitou a criação de novas actividades geradoras de rendimentos? sim O não □
32. Em caso afirmativo, quais? Pequenas empresas □ Bar | i Restaurante □ Venda de produtos agrícolas O Venda de produtos pecuários o Outros :
33. Como avalia os seus rendimentos após o projecto? menos amelioreo ameliore o muito ameliore □
34. A estrada proporciona-lhe benefícios económicos? Sim □No □
35. Em caso afirmativo, quais? Facilitação da recolha de produtos agro-pastoris e artesanais Redução do tempo de viagem   Melhoria do conforto de viagem Redução dos custos de transporte □
criação de emprego para os jovens   Desenvolvimento territorial e imobiliário para melhorar a saúde
Outros :

Secção 5: Componente ambiental

36. É afectado pelos impactos (efeitos ou consequências) do projecto? sim não 1=1
37. Se sim, como? Poluição sonora V Emissões de poeira o Emissões de partículas o Derrames tóxicos no solo/água Ш Efeitos de explosões v Acidentes de trânsito o Outros :
38. Que medidas tem a empresa implementado para mitigar estes impactos?
Rega da estrada v limites de velocidade nas aldeias | insonorização de grupos v campanhas de informação antes da explosão □ criação de lombadas de velocidade (dos d'ane) o Outros :

39. Já alguma vez foi sensibilizado pela empresa yesEZI no O
40. Se sim, sobre que tema (healthEZI , securityEZI , hygieneEZI, ...)

Obrigado pela sua hospitalidade e paciência

1- Algumas fotos do vëgëtation da área

2- Levantamento da população local

3- Visita ao local

Printed by Books on Demand GmbH, Norderstedt / Germany